Grießer/Neub
Bestandespflege im Forst

Ralf Grießer/Michael Neub

Bestandespflege im Forst

Von der Pflanzung zum erntereifen Bestand

2., aktualisierte Auflage

185 Farbfotos und -zeichnungen

Inhaltsverzeichnis

Vorwort

Die Bewirtschaftung des Waldes mutet in einer von Schnelllebigkeit geprägten Zeit fast anachronistisch. Denn das Leben und Arbeiten mit dem Wald ist eine Generationen übergreifende Aufgabe. Entsprechend ist der Wirtschaftswald, so wie wir ihn heute vorfinden, das Ergebnis einer jahrhundertelangen Entwicklung und dem Bemühen der Eigentümer um Nachhaltigkeit aller Maßnahmen. Dabei haben sich die Anforderungen an den Wald – sei es seitens seiner Besitzer, insbesondere aber durch gesellschaftliche Veränderungen – vom reinen Rohstoff- und Energielieferant zum Klima- und Wasserstabilisator, zum Ort des Rückzugs, der Erholung und Freizeitaktivität verbreitert. Waldbewirtschaftung findet daher heute unter den kritischen Augen einer medial geprägten Öffentlichkeit statt, muss sich erklären und in einem enger werdenden Netz von politischen und naturschutzrechtlichen Vorgaben bewegen. Das ist für jeden Waldbesitzer mindestens eine genauso große Herausforderung, wie den Wald vor dem Hintergrund des Klimawandels für morgen „fit zu machen".

Mit vielen praxisnahen Hinweisen leistet das vorliegende Buch einen Beitrag zur nachhaltigen und standortgerechten Bewirtschaftung, angefangen von der Pflanzung bis zum hiebsreifen Bestand. Dabei ist die Arbeitssicherheit ein wichtiger Aspekt.

Die Idee für diesen Ratgeber entstand aus der langjährigen Zusammenarbeit von Forstwirtschaftsmeister Ralf Grießer und Dipl.-Ing. agr. Michael Neub für die vom Verlag Eugen Ulmer verlegte Fachzeitschrift BWagrar. Ralf Grießer ist bei ForstBW (AöR), Forstbezirk Altdorfer Wald im Landkreis Ravensburg für Ausbildung und Schulung zuständig; Michael Neub betreut als Redakteur bei BWagrar das Fachgebiet Waldbau.

1 Vor der Pflanzung

Waldbaulich kann es notwendig oder sinnvoll sein, gezielt Bestandeslücken durch eine Pflanzung zu schließen. Beispielsweise nach planmäßigen Nutzungen, Sturm oder Käferholzanfall. Nicht immer reicht in solchen Fällen die Kraft der vorhandenen Naturverjüngung. Diese kann sich sogar mit unerwünschten Baumarten vollziehen. Daher ist die Pflanzung das Mittel der Wahl, wenn es darum geht, Mischbaumarten wie Wertlaubhölzer einzubringen und der Waldentwicklung neue Impulse zu geben. Entscheidend ist jedoch, die Pflanzung als Instrument der nachhaltigen und standortgerechten Waldbewirtschaftung zu verstehen.

Bevor Sie eine Fläche wieder aufforsten/anpflanzen oder die vorhandene Naturverjüngung in den Folgebestand übernehmen, sollten Sie eine Reihe von Vorüberlegungen anstellen. Dabei spielt der Standort eine große Rolle für die Baumart. Er hat maßgeblichen Einfluss auf waldbauliche, wirtschaftliche und ökologische Ziele. Je besser Standortfaktoren und Baumart zusammenpassen, desto besser wächst diese (Maße, Leistung, Ertrag).

Abb. 1. Jeder Wald ist anders und nicht überall entspricht die vorhandene Naturverjüngung den waldbaulichen Zielen. Mit der Pflanzung kann lenkend eingegriffen werden.

Bei der Beurteilung des Standorts sind vier Hauptkriterien wichtig:
- Klima (Lufttemperatur, Niederschlag, Windverhältnisse, ...),
- örtliche Lage (Meereshöhe, Hanglage, Hangrichtung, ...),
- Bodenart und
- vorhandene Vegetation.

Unter Berücksichtigung dieser natürlichen Gegebenheiten gilt es, die waldbaulich passende Baumart auszuwählen.

Bei der Pflanzung sollten Sie auch darauf achten, dass Sie keine Reinbestände aufbauen und immer eine genügende Anzahl an Mischbaumarten einbringen. Dadurch reduzieren Sie die Gefahren durch Schädlingsbefall, Sturm und andere Einflussfaktoren. Wichtig ist, dass die Mischbaumarten zueinander passen (Umtriebszeit, Wuchsverhalten, ...). Dabei sollten die Baumarten mit ihren unterschiedlichen Lichtansprüchen und Wurzelsystemen gemischt werden.

In den meisten Fällen werden die Bäume nicht einzeln gemischt. Diese Mischform ist sehr pflegeintensiv. Von einer Einzelmischung spricht man auch, wenn eine Baumart in regelmäßigen Abständen, beispielsweise 5,0 × 5,0 m oder 10,0 × 10,0 m, auf der Pflanzfläche eingebracht wird. Beispiele dafür sind Wildkirsche, Douglasie und Lärche. Häufig gehen allerdings diese einzeln beigemischten Baumarten unter oder man findet sie nicht mehr.

Brauchen Hauptbaumart wie Eiche und Kiefer eine dienende Baumart zur Schaftpflege oder Bodenverbesserung, so wird diese in der Reihenmischung gepflanzt. Ein Beispiel wäre das Pflanzen von zwei Reihen Eichen und einer Reihe der dienenden Baumart.

Die dienende Baumart steht im Unter- beziehungsweise im Zwischenstand und soll dem Hauptbestand (Oberschicht) dienen. Daher werden in den Hauptbestand, der zum Beispiel aus reinen Lichtbaumarten wie Eiche, Kiefer, ... besteht, immer Schatt- beziehungsweise Halbschattbaumarten (Winterlinde, Hainbuche, ...) gepflanzt. Diese erfüllen wichtige dienende Funktionen:
- Durch die Beschattung des Stammes sterben die Äste natürlich ab.
- Durch die Windruhe werden keine Nährstoffe ausgetragen und der Boden trocknet nicht so schnell aus.
- Das Regenwasser tropft langsam über die Blätter vom Unter- beziehungsweise Zwischenstand auf den Boden und kann dadurch besser vom Boden aufgenommen werden.
- Durch die Mischbaumarten im Unter- beziehungsweise im Zwischenbestand erhöht sich die Artenvielfalt im Bestand und es entsteht dadurch keine Monokultur.
- Fällt ein Baum in der Oberschicht des Hauptbestandes aus, kann ein Baum aus dem Zwischenbestand die Lücke in der Oberschicht ausfüllen.

In der Praxis bewährt hat sich das Pflanzen der Baumarten in Gruppen (eine Baumlänge), horstweise (ein- bis zwei Baumlängen) oder kleinflächig (zum Beispiel 70 % Nadelholz und 30 % Laubholz).

1.1 Naturverjüngung und Pflanzung

Bei der Begründung eines Waldbestandes ist es wichtig, dass dieser aus stabilen und standortgerechten Baumarten entsteht. Ein neuer Bestand kann durch Anflug flugfähiger Samen (Fichte, Tanne, Kiefer, Ahorn), Aufschlag nicht flugfähiger Samen des Vorbestandes (Buche, Eiche) oder mittels einer künstlichen Verjüngung (Begründen eines Bestandes durch Pflanzung oder Saat) entstehen.

Leider ist die Naturverjüngung nicht überall standortgerecht und Wind, Schnee, Käferbefall und andere Faktoren zwingen uns, Flächen künstlich zu verjüngen (siehe 2.2). Vielfach muss man jedoch die vorhandene Naturverjüngung übernehmen und die Fehlstellen mit einer Ergänzungspflanzung schließen.

In der Praxis stellt sich dann immer die Frage, ob die vorhandene Naturverjüngung von Altbeständen übernommen werden kann oder die Fläche künstlich verjüngt werden muss. Um die Situation vor Ort sorgfältig beurteilen zu können, gibt es einige hilfreiche Fragekriterien:

- Ist die Naturverjüngung für den Standort geeignet?
- Sind die Samenbäume von guter Qualität?
- Sind Mischbaumarten vorhanden oder können diese noch durch eine Ergänzungspflanzung eingebracht werden?
- Ist die Naturverjüngung gleichmäßig auf der ganzen Fläche vorhanden oder müssen größere Flächen durch eine Ergänzungspflanzung geschlossen werden?
- Wurde der Altbestand nach einem Naturereignis (Sturm, Schnee, Käfer, ...) vor dem flächigen Anflug der Naturverjüngung geerntet?
- Lässt der Bodenbewuchs einen Anflug von Naturverjüngung auf der ganzen Fläche zu?

Bedenken Sie auch, dass die Ergänzungspflanzen im Gegensatz zur Naturverjüngung unterschiedliche Startbedingungen haben (Pflanzschock, Lichtverhältnisse, Pflanzgröße, Kultursicherung, ...).

Wenn die Voraussetzungen für die Übernahme der Naturverjüngung stimmen, sind die ökologischen und wirtschaftlichen Vorteile sehr groß. Allerdings müssen Sie auch die hohen Qualitätsanforderungen an die Holzernte beachten, wenn Sie die vorhandene Naturverjüngung übernehmen wollen und dadurch höhere Pflegekosten anfallen. Die Entscheidung können aber nur Sie vor Ort treffen, gegebenenfalls unter Mithilfe des örtlichen Revierleiters.

1.2 Pflanzgutbeschaffung

Herkunft, Vertrieb und Handel mit forstlichem Saat- und Pflanzgut sind im Forstvermehrungsgutgesetz (FOVG vom 22.05.2002) geregelt. Derzeit unterliegen 28 Baumarten diesem Gesetz (zehn Nadelhölzer und 18 Laubhölzer).

Ziel ist, wertvolle, leistungsstarke und stabile Bestände zu sichern, die sich besser an die ständig verändernden Umweltbedingungen anpassen können. Dabei spielt das Herkunftsgebiet eine wichtige Rolle. Die Herkunftsgebiete sind in Landschaftsgebiete mit annähernd den gleichen Wuchsbedingungen (Höhenlage, Temperatur, Niederschlag, ...) eingeteilt.

Für die eingangs erwähnten 28 Baumarten, die dem Forstvermehrungsgutgesetz unterliegen, gibt es je nach Baumart oder Baumartengruppen eigene Herkunftskarten. Der Saatbaum soll aus dem gleichen Herkunftsgebiet stammen, wo die Saat oder das Pflanzgut verwendet wird. Die Forstbehörden können Ihnen eine Herkunftsempfehlung geben.

Das forstliche Pflanzgut, das Sie in der Pflanzschule kaufen, stammt aus amtlich zugelassenen Erntebeständen in den jeweiligen Herkunftsgebieten. Diese Waldbestände müssen gewisse Kriterien aufweisen (Leistung, Form, Gesundheitszustand, ...), damit sie für diese Art der Nutzung zugelassen werden. Das verwendete Pflanzgut

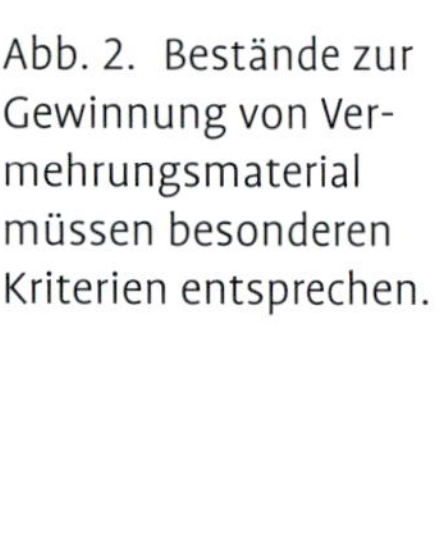

Abb. 2. Bestände zur Gewinnung von Vermehrungsmaterial müssen besonderen Kriterien entsprechen.

ist zu rund 90 % in die Gütekategorie „Ausgewählt“ eingestuft. Dies sind Waldbestände, die nach bestimmten Qualitätskriterien (Geradschaftigkeit, Astigkeit, ...) ausgewählt wurden.

Für den Eigenbedarf dürfen Sie auch aus Ihrem Wald Saat- und Pflanzgut (Wildlinge) gewinnen. So können Sie mit eigenem Ausgangsmaterial eine künstliche Verjüngung oder eine Ergänzungspflanzung in Ihrem Wald durchführen (siehe 1.3).

Wenn Sie als Privatwaldbesitzer eine Pflanzmaßnahme im Frühjahr oder Herbst planen, können Sie das Pflanzgut selbst bei einer Pflanzschule Ihrer Wahl vor Ort bestellen. Von den Forstämtern wird häufig auch angeboten, dass die Privatwaldbesitzer ihre Pflanzen in der Sammelbestellung des Forstamtes mitbestellen können. Wichtig ist in beiden Fällen, dass Sie sich rechtzeitig um die Pflanzbestellung kümmern sollten.

Auf dem gelieferten Bund der Pflanzen finden sich neben den Angaben zur Baumart und zum Herkunftsgebiet auch noch die Altersbezeichnung und die Größe. Die Pflanzen aus der Pflanzschule werden nach Alter und Größe angeboten und verkauft. Zum Beispiel steht „1+1“ und „30/50“ auf dem Etikett. 1+1 bedeutet folgendes: Die erste Zahl steht für das Saatbeet und die zweite Zahl für das erste Verschulbeet. Die oben genannte Altersangabe der Pflanze gibt uns an, dass sie jeweils ein Jahr im Saatbeet und ein Jahr im ersten Verschulbeet stand. Somit ist diese Pflanze beim Verkauf zwei Jahre alt. Die Pflanzgröße 30/50 bedeutet, dass die Pflanzen Längen zwischen 30 und 50 cm aufweisen.

Es werden auch immer mehr Sämlinge in Forstbetrieben verwendet, die je nach Baumart nur ein Jahr oder maximal zwei Jahre im Saatbeet stehen. Stehen Sämlinge länger als ein Jahr im Saatbeet, werden diese im zweiten Jahr mit einem speziellen Unterscheidemesser unterschnitten, damit die Wurzelgröße nicht über 25 cm geht. Der Grund hierfür liegt darin, dass man mit den aktuellen händischen Pflanzverfahren nur Pflanzen mit einer Wurzelgröße bis maximal 25 cm setzen kann.

Weil der Anwachserfolg einer Pflanzung nicht nur von der Witterung abhängt, sondern auch von der Pflanzgröße, der richtigen Behandlung und dem geeigneten Pflanzverfahren, sollten Sie bei der Pflanzgutbeschaffung folgendes beachten: Je kleiner Sie die Pflanzen wählen, umso ungestörter kann sich die Wurzel entwickeln und desto geringer ist der Pflanzschock. Kleinere Pflanzen sind zudem preislich günstiger, die Wurzel muss nicht auf das Pflanzverfahren zurechtgeschnitten werden und das Setzen geht einfacher. Gegen kleine Pflanzen spricht nur die Gefährdung durch Konkurrenzpflanzen wie Adlerfarn, Brombeere und Himbeere oder Verbiss und Verfegen durch Wild.

Um die Lieferung im Frühjahr rechtzeitig bewerkstelligen zu können, heben die Pflanzschulen einen Teil der Pflanzen schon im Herbst aus und lagern diese bis ins Frühjahr im Kühlhaus ein. Beim Ausheben der Pflanzen spielt die Witterung eine große Rolle, da mit schweren Maschinen in die Beete gefahren werden muss. Das kann im Frühjahr Probleme bereiten.

1.2.1 Die Pflanzfläche richtig berechnen

Bei der Pflanzenbeschaffung kommt es häufig vor, dass zu viele Pflanzen bestellt werden. Um dies zu vermeiden, sollten Sie auf der anstehenden Pflanzfläche eine genaue Zustandserfassung durchführen. Erheben Sie zuerst die gesamte Fläche durch Abstecken, Vermessen mit Fluchtstäben und Maßband. Dann werden die Bereiche abgezogen, wo keine Pflanzen gesetzt werden können. Das sind beispielsweise Flächen, auf denen in ausreichender Zahl Standortgerechte und qualitativ passende Naturverjüngung steht, die übernommen werden kann, oder Rückegassen und Hindernisse (Stöcke, Blocküberlagerung, ...), wo keine Pflanze gesetzt werden können. Außerdem halten Sie einen ausreichenden großen Abstand zum bestehenden Bestand und Wegrändern ein. Oft bleibt dann von der tatsächlichen Pflanzfläche nicht mehr viel übrig. Es lohnt sich also immer, die Pflanzfläche so genau wie möglich zu erheben.

Die tatsächliche zu setzende Pflanzfläche, dividiert durch den Pflanzverband der Baumart (siehe Kapitel 2. 1.) ergibt die Anzahl der Pflanzen an, die bestellt werden muss.

1.2.2 Zeitpunkt der Pflanzung

Der Zeitpunkt der Pflanzung hängt von verschiedenen Faktoren ab, beispielsweise von der Witterung, der Flächengröße, der Pflanzmenge, der Arbeitskapazität und der Baumart. Wintergrüne Nadelbäume pflanzen Sie am besten im Frühjahr, da die Wurzeln meist periodisch wachsen (zum Beispiel Fichte im Mai und ab Mitte August). Andernfalls sind Ausfälle durch Frosttrocknis zu erwarten. Wurzelnackte Laubbäume und Lärchen können vor dem Austreiben im Frühjahr unter Ausnutzung der Winterfeuchte oder nach Abschluss des Triebwachstums im Herbst gesetzt werden. Bei der Pflanzung im Frühjahr sollten Sie daher immer zuerst die früh treibenden Laub- beziehungsweise Nadelbäume (Kirsche, Ahorn, Lärche) setzen.

Die unempfindlichen Forstpflanzen werden wurzelnackt gesetzt. Die empfindlichen Forstpflanzen wie Douglasie und Lärche werden immer häufiger als Topfpflanzen gesetzt. Topfpflanzen haben gegenüber der wurzelnackten Pflanzen den großen Vorteil, dass diese fast das ganze Jahr (frostfreie Zeit) gesetzt werden können.

1.3 Wildlingsgewinnung

Bei der Pflanzung müssen Sie nicht unbedingt Pflanzen aus der Pflanzschule verwenden. Alternativ können Sie auch Wildlinge aus einer geeigneten Fläche in Ihrem Wald gewinnen. Dabei ist es wichtig, dass die dort gezogenen Wildlinge standortgerecht sind. Um die Wildlinge beim Ziehen im Wurzelbereich nicht zu beschädigen, sollte das Wetter regnerisch, der Boden tiefgründig, locker und sandig bis lehmig sein, damit der Verlust an Wurzelmasse so gering wie möglich ist. Dies kann durch Auflockern des Bodens mit einer Grabgabel unterstützt werden. Wildlinge mit beschädigten Wurzeln werden sofort aussortiert. Wählen Sie den Ort der Wildlingsgewinnung so aus, dass mindestens vier bis fünf verwertbare Wildlinge pro Quadratmeter gezogen werden können (rationelle Gewinnung). Um eine gleichmäßige Wurzelausformung zu gewährleisten, sollte das Gelände eben bis schwach geneigt sein.

Diese Wildlinge sind gegenüber gekauften Pflanzen günstiger, standortbewährt und können je nach Bedarf frisch gezogen werden. Der Verbiss durch Rehwild ist bei Wildlingen auch geringer, da diese nicht gedüngt sind wie Pflanzen aus der Pflanzschule.

Bei der Gewinnung von Wildlingen ist darauf zu achten, dass

- sie aus dichten Naturverjüngungen gewonnen werden,
- der Anteil der grünen Krone hoch ist,
- nur wipfelschäftige Wildlinge bei Laubholz gezogen werden,
- die Wildlinge nicht zu groß und zu alt sind,
- nur qualitativ hochwertige Pflanzen ohne äußerliche Schäden gezogen werden und
- nur so viele gezogen werden, wie gesetzt werden müssen.

Nach dem Ziehen müssen die Wildlinge sofort in Transportsäcke gepackt werden. Beachten Sie auch beim Ziehen der Wildlinge die Lichtverhältnisse. Kommt ein Wildling, der im Schatten der Altbäume aufgewachsen ist, auf eine Freifläche, so hat dieser große Probleme mit den neuen Lichtverhältnissen.

1.4 Pflanzenübernahme

Werden die Pflanzen angeliefert, sollten Sie diese kontrollieren, ob die Lieferung mit der Bestellung übereinstimmt. Die Angaben auf dem Lieferschein müssen mit dem Etikett auf den Pflanzen bezüglich Herkunft, Größe, Alter und Stückzahl übereinstimmen. Danach wird die Lieferung kontrolliert, indem einzelne Pflanzbunde geöffnet werden, solange der Zusteller/Lieferant noch vor Ort ist. So lassen sich eventuelle Reklamationen mündlich oder schriftlich klären. Die restliche Lieferung wird gegen Austrocknen durch Wind und Sonne geschützt, indem man sie mit einer Plane abdeckt oder einen Pflanzigel herstellt.

1.4.1 Der schnelle Pflanzen-Check

Folgende Punkte werden kontrolliert:

- Menge der bestellten Pflanzen.
- Pflanzgröße (zum Beispiel 50/70: Alle Pflanzen sind zwischen 50 und 70 cm groß).
- Ist ein Wurzelknick oder Entenfuß (Verschulknick) vorhanden, sind solche Pflanzen auszusondern (Abb. 3).
- Frische der Pflanzen: Diese erkennt man an verschiedenen Merkmalen, zum Beispiel
  - wenn trockener Boden aus den Wurzeln heraus rieselt,
  - sich die Wurzeln trocken anfühlen,
  - die Feinwurzeln verwelkt aussehen,
  - das Nadelholz beim Verreiben der Nadeln zwischen den Fingern nicht mehr riecht,
  - sich im Inneren des Pflanzbundes Grauschimmel (Abb. 4) gebildet hat (häufig die Ursache für unsachgemäße Kühlhauslagerung)
  - die Schnittstelle an der Wurzel beim Abschneiden mit der Rebschere braun ist (dies kann ein Hinweis auf längere Trockenheit sein).

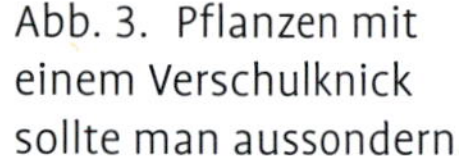

Abb. 3. Pflanzen mit einem Verschulknick sollte man aussondern.

- Qualität der einzelnen Pflanzen:
  - Der Spross sollte keine nicht vernarbten Schäden aufweisen,
  - es dürfen keine Schäden vom Ausheben oder Transport vorhanden sein,
  - der Terminaltrieb darf nicht vertrocknet sein oder fehlen,
  - es sollten keine Tiefzwiesel dabei sein,
  - keine Schäden durch unsachgemäße Lagerung (Fäulnis, Schimmel, ...),
  - der Spross bei Buche und Eiche darf mehrere Endtriebe aufweisen, bei den restlichen Baumarten ist dies nicht erwünscht und
  - ein nicht verholzter Spross ist bei der Buche und der Eiche kein Mangel, aber bei den restlichen Baumarten ist dies nicht erwünscht.
- H/D-Verhältnis der Pflanzen: Auch bei den Pflanzen spricht man schon von einem Höhen-/Durchmesser-Verhältnis (Sprosslänge in mm geteilt durch den Wurzelhalsdurchmesser in mm). Besitzen die Pflanzen ein ausgewogenes H/D-Verhältnis, kann man von einem hochwertigen Pflanzgut ausgehen. Der H/D-Wert dient zur Orientierung und wird gemessen an einer mittleren Größe von 30/80 cm und einer wurzelnackten Pflanze. Beim Nadelholz (Fichte, Tanne, Kiefer, Douglasie) liegt der Wert zwischen 55 und 75 und im Laubholz zwischen 75 und 95.
- Spross-/Wurzel-Verhältnis: Das Spross-/Wurzel-Verhältnis (Abb. 5) sollte bei kleinen Pflanzen 2 : 1 und bei größeren Pflanzen 4 : 1 aufweisen (Abb. 5, links). Dieses Verhältnis sollte in etwa überein-

Abb. 4. Schimmel oder Fäulnis haben im Wurzelbereich nichts zu suchen.

Abb. 5. Links: richtiges Wurzel/Spross-Verhältnis und ein hoher Feinwurzelanteil. Rechts: Pflanzen ohne ausreichend Feinwurzeln und die Pfahlwurzeln wurde beim Ausheben stark eingekürzt.

stimmen, da die Wurzel den Spross mit Wasser versorgen muss.

- Wurzelausbildung: Die Wurzelausbildung sollte bei den gelieferten Baumarten arttypisch ausgeformt sein. Dabei ist zu beachten, dass die Wurzel eine ausreichende Verzweigung und einen hohen Anteil an Feinwurzeln besitzt. Allerdings gibt es zwischen den Baumarten Unterschiede bei der Wurzelausbildung. Die Eiche bildet nicht so viele Feinwurzeln aus wie eine Buche, Fichte oder Douglasie (Abb. 5, rechts).

Entsprechen mehr als 5 % der Pflanzlieferung nicht den Qualitätsanforderungen, kann die Annahme der Lieferung verweigert werden oder das aussortierte mangelhafte Pflanzgut wird durch eine Nachlieferung ersetzt. Grundlage hierfür ist das Forstvermehrungsgutgesetz.

Nach der Kontrolle schlagen Sie die Pflanzen sofort in den vorbereiteten Einschlagplatz ein. Wenn die Pflanzen Wind und Sonne ausgesetzt sind, sterben nach zwei Minuten die Haarwurzeln ab. Nach fünf Minuten vertrocknen die Feinwurzeln und nach zehn Minuten wird die Pflanze so geschwächt, dass erhebliche Ausfälle nicht mehr zu vermeiden sind.

1.5 Pflanzeneinschlag

Richten Sie den Einschlagplatz her, bevor die bestellten Pflanzen angeliefert werden. Er sollte vor Wind und Sonne geschützt sein, deshalb sind schattige Nordwest-, Nord- und Nordostränder älterer Bestände günstig. Auch windgeschützte Senken oder schattige Gräben sind ideal. Achten Sie darauf, dass die Erde nicht zu nass oder zu schwer ist. Der Einschlagsplatz sollte sich folglich nicht in einem

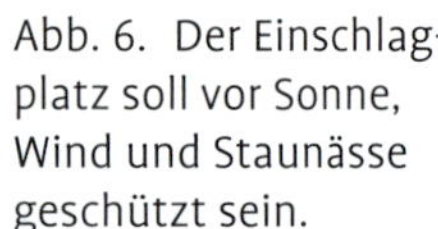

Abb. 6. Der Einschlagplatz soll vor Sonne, Wind und Staunässe geschützt sein.

wasserführenden Bach/Graben oder an einem Ort befinden, wo Staunässe vorhanden ist.

Gehen Sie bei der Anlage folgendermaßen vor: Entfernen Sie die Vegetationsdecke und lockern Sie den Boden auf. Wurzeln und Steine sollten Sie ausmengen, der Grabenrand sollte möglichst steil sein. Bei großen Pflanzmengen oder wenn Sie die Pflanzen nicht zeitnah setzen, empfiehlt es sich, die Pflanzen locker einzuschlagen und nicht im Bund zu lassen. Das Laubholz kann im Bund eingeschlagen werden, Nadelhölzer sollen geöffnet eingeschlagen werden, damit sie im Einschlag nicht überhitzen. Stellen Sie die Pflanzen aufrecht in den Einschlagsgraben, bedecken Sie die Feinwurzeln und den Wurzelhals sofort mit einer ersten Schicht Erde, die angetreten und verstärkt wird. Die Wurzeln werden vor dem Einschlag gewässert und nach dem Einschlag, sobald sie mit Erde bedeckt sind. Es ist darauf zu achten, dass alle Wurzeln mit Erde bedeckt sind, damit diese nicht vertrocknen. Bei starker Sonneneinstrahlung sollen benadelte Gipfeltriebe nach Süden zeigen, eventuell mit Reisig abgedeckt und bei langer Trockenperiode gegossen werden.

Bei kleineren Pflanzmengen, die in kürzester Zeit gesetzt werden, kann der Einschlag auch bundweise erfolgen. Achten Sie darauf, dass feinkrümelige Erde in das Innere des Pflanzbundes gelangt. Dies verhindert, dass die inneren Wurzeln der Pflanzen vertrocknen. Werden Pflanzen längere Zeit im Einschlagsplatz gelagert, kann ein Schutz gegen Wildverbiss erforderlich werden. Günstig ist, wenn der Einschlagsplatz nicht zu weit von der Anlieferstelle der Pflanzen entfernt ist.

Eine Alternative zur Lagerung an einem Einschlagsplatz ist auch der Einschlag auf einem mit Sand gefüllten Anhänger. Dort werden

Abb. 7. Im Dunkelsack lassen sich Pflanzen über mehrere Tage hinweg aufbewahren und transportieren.

die stehenden Pflanzen bis zum Wurzelhals mit Sand bedeckt. Der Anhänger steht dabei in der Regel in einer Garage oder Halle, wo die Pflanzen vor Wind und Sonne geschützt sind. Um das Austrocknen des Sandes zu verhindern, wird dieser regelmäßig bewässert.

In dem atmungsaktiven Transport-Dunkelsack „Pflanzfrisch“ (die Innenseite ist schwarz und die Außenseite ist silbern) kann man ohne größeren Aufwand kleinere Mengen von Pflanzen vorübergehend lagern (Abb. 7). Wird der Beutel luftdicht verschlossen, können Sie angetriebene Pflanzen laut Hersteller zwei bis drei Wochen frisch halten. Um die Luftfeuchtigkeit im Inneren des Transportsackes zu erhöhen, gibt man etwas Wasser dazu. Der Transportsack sollte natürlich nicht beschädigt sein.

Ballen- und Containerpflanzen werden am besten einzeln stehend, schattig und windgeschützt gelagert, am besten in einer Garage oder Halle. Bei Bedarf müssen die Ballen- und Containerpflanzen gegossen werden.

1.6 Schonender Pflanzentransport

Für das Anwachsen der Pflanzen ist wichtig, dass von der Pflanzanlieferung bis zum Transport auf die Pflanzfläche sorgfältig mit ihnen umgegangen wird. Beim Pflanztransport ist darauf zu achten, dass die Wurzeln nicht der Sonne und dem Fahrtwind ausgesetzt sind. Werden die Pflanzen stehend transportiert, erreicht man dies am bes-

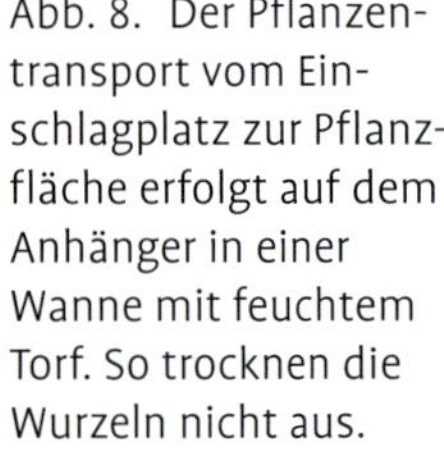

Abb. 8. Der Pflanzentransport vom Einschlagplatz zur Pflanzfläche erfolgt auf dem Anhänger in einer Wanne mit feuchtem Torf. So trocknen die Wurzeln nicht aus.

ten, indem die Wurzeln allseitig mit feuchtem Sägemehl oder Torf bedeckt werden. Sollten die Pflanzen liegend transportiert werden, können die Wurzeln mit einem feuchten Vlies, mit Jutesäcken oder mit einer Plastikplane abgedeckt werden. Ein großer Vorteil ist, wenn der Transportanhänger einen Deckel oder eine gut sitzende Abdeckung besitzt. So ist ein fast zugluftfreier Transport der Pflanzen gewährleistet.

Häufig werden die Pflanzen auf dem Anhänger in sogenannten blauen/schwarzen Betonwannen transportiert (Abb. 8). Dabei werden die Pflanzen aufrecht in die Betonwannen gestellt und mit einem Gemisch aus Wasser und Erde, Sägemehl oder Torf eingebettet (eingeschlämmt).

Nicht zu empfehlen ist, die ganze Tagesration an Pflanzen auf die Pflanzfläche mitzunehmen. Je nach Arbeitszeitgestaltung können Sie bei Bedarf frische Pflanzen aus dem Einschlag holen. Dadurch liegen die Pflanzen nicht den ganzen Tag auf dem Anhänger. Durch Sonneneinstrahlung können die abgedeckten Pflanzen auf dem Anhänger überhitzen. Deshalb sollten Sie den Anhänger nicht in die pralle Sonne stellen.

1.7 Wurzelschnitt

Durch den Wurzelschnitt soll die natürliche Wurzelform nicht verändert werden, das heißt die Wurzelgröße und die Wurzelform bestimmen das Pflanzverfahren (Abb. 9).

Bei Pflanzen, die eine arttypische Wurzel haben (Eiche – Pfahlwurzel), wurde festgestellt, dass die typische Wurzelform verloren geht, wenn man sie stark zurückschneidet. Darum werden immer häufiger kleinere Sortimente gewählt, dann entfällt nämlich der anpassende Zurückschnitt für das Pflanzverfahren. Falls Sie doch einen Wurzelschnitt an den Pflanzen durchführen müssen, schneiden Sie mit einer scharfen Schere nur die überlangen, beschädigten oder faulen Wurzeln ab. Beachten Sie dabei, dass die Schnittstellen so klein wie möglich sind, damit sich am ehesten wieder tiefwachsende Wurzeln bilden. Auch ist die Gefahr eindringender Krankheitskeime geringer. An großen Schnittflächen von Wurzeln sieht man häufig, dass sich viele kleine Wurzeln bilden, die nicht mehr so sehr in die Tiefe wachsen.

Müssen Sie überlange Wurzeln einkürzen, geht dies am besten, wenn Sie die Pflanze auf den Kopf stellen. Schneiden Sie an den überlangen, nach unten hängenden Wurzeln so viel ab, bis sie sich aufrichten (Abb. 10). Daher sollten Pflanzen nur einzeln geschnitten werden.

Abb. 9. Diese Wurzel müsste für das Pflanzverfahren stark eingekürzt werden.

Abb. 10. Überlange Wurzeln werden einzeln geschnitten.

2 Vorbereiten der Kulturflächen

Jedes Jahr kommt die Pflanzzeit früher als man denkt und die Kulturfläche ist noch nicht geräumt. Das kostet unter Umständen dann wertvolle Pflanzzeit. Daher sollten Sie sich rechtzeitig Gedanken über die Kulturflächenvorbereitung machen. Es geht hier um Baumteile (Äste, Wurzelanläufe, ...), die nicht verwertet werden können, die aber für den Wald von großer Bedeutung sind.

Die Räumung erfolgt nicht durch Verbrennen des Reisigs und durch ganzflächiges Befahren. Diese Verfahren sind teuer und der Waldboden wird beschädigt (Bodenverdichtung, Zerstörung der Bodenstruktur, Nährstoffentzug, ...).

Aus ökologischer Sicht ist flächiges Beseitigen des Schlagabraumes nicht erforderlich. Dieser schützt den Boden vor Austrocknung und Bodenerosion durch Wind und Regen. Außerdem hemmt er durch die Abdeckung des Bodens den Wuchs von unerwünschter Konkurrenzflora, beispielsweise von Springkraut, Brombeere und Himbeere. Wenn Sie aber den Schlagabraum auf der ganzen Fläche liegen lassen, sind Begehbarkeit, Pflanzung und Kultursicherung sehr zeitaufwändig, schwierig und die Unfallgefahr steigt (Abb. 11).

Um die oben genannten Arbeiten zu erleichtern, ist es sinnvoll, die Pflanzreihen oder Pflanzplätze so zu räumen, indem Sie den Schlagabraum auf Wällen ablegen (Abb. 12). Das heißt, es werden gezielt nur die Pflanzreihen freigeräumt. Dies bringt neben der Kostenersparnis auch Vorteile für Pflanzen und Tiere. Denn der Schlagabraum

Abb. 11. Verbleibt der gesamte Schlagabraum auf der Fläche, wird die Pflanzung zeitaufwändig und die Unfallgefahr steigt.

Abb. 12. Beim Belassen des Schlagabraumes sollte dieser in Wällen abgelegt werden. Lediglich die Pflanzreihe wird freigeräumt.

Abb. 13. Fluchtstäbe (siehe Pfeile) sollten nach der Pflanzung stehen gelassen werden. Sie helfen bei der späteren Kultursicherung.

bleibt auf der Fläche liegen und dient als Totholz und beim Verrotten als Nährstofflieferant.

Mit Hilfe von Fluchtstäben können Sie vor der Räumung des Schlagabraumes die Pflanzreihen auf der Kulturfläche abstecken. Der Pflanzreihenabstand ist abhängig von der Baumart, die Sie setzen.

Damit ist die Fläche zur Pflanzung schon ausgesteckt, die Pflanzen können gut gesetzt werden und die Begehbarkeit zur Kultursicherung ist vorhanden. Wenn Sie die Fluchtstäbe nach der Pflanzung stehen lassen, finden Sie die Pflanzreihen zur Kultursicherung besser (Abb. 13).

Wenn Sie bereits bei der Holzernte an die nächsten Maßnahmen wie Kulturflächenvorbereitung und Pflanzung denken, können sie in

Abb. 14. und 15. Schon bei der Hiebsmaßnahme nach Kalamitäten, beispielsweise nach Borkenkäferbefall oder Sturmereignissen, sollte man an die spätere Pflanzung denken. Das heißt: die Bäume aus der Fläche heraus fällen oder das Holz an einem Aufarbeitungsplatz aufarbeiten.

der Folge Zeit und Kosten sparen. So wird beispielsweise die Räumung deutlich einfacher, wenn die Bäume so aus der Fläche herausgefällt werden, dass die Gipfel nicht in der Kulturfläche liegen (Abb. 14). Gleiches gilt, wenn das das Holz auf einem Aufarbeitungsplatz aufgearbeitet wird (Abb. 15). Dadurch ist die Fläche fast ohne Schlagabraum, Sie können ohne große Räumung die Fläche begehen und die Pflanzung durchführen.

2.1 Im Pflanzverband

Der Pflanzverband der zu setzenden Baumart hat bei der Pflanzenbeschaffung und der Kulturflächenvorbereitung eine große Bedeutung. Hier kann man Arbeitszeit und Materialkosten bei der Begründung so gering wie möglich halten.

Der Pflanzverband bei Laubhölzern ist in der Regel enger, um die natürliche Astreinigung durch Absterben und Abwerfen der Äste ausnützen zu können. Nadelholz hingegen wirft trotz engem Pflanzverband die abgestorbenen Äste nicht ab. Daher kann man hier einen größeren Pflanzabstand wählen.

Der Pflanzverband wird zum Beispiel mit 2,0 × 1,0 m angegeben. Die erste Zahl beschreibt den Abstand von Reihe zu Reihe, die zweite Zahl den Abstand der Pflanzen innerhalb der Reihe. Diese zwei Zahlen geben dann den Standraum in Quadratmetern an. Die zu pflanzende Fläche wird durch den Standraum der Baumart geteilt. So ergibt sich die Zahl der benötigten Pflanzen für die betreffende Pflanzfläche.

In der Forstwirtschaft werden die Pflanzzahlen immer pro Hektar Pflanzfläche angegeben. Diese Zahlen können je nach Bundesland unterschiedlich sein. Als Faustzahlen kann man folgendes annehmen: Bei Fichte, Weißtanne und Douglasie werden zwischen 2000 und 3500, bei Kiefer, Eiche und Buche zwischen 8000 und 10.000 und beim Buntlaubholz rund 3300 Pflanzen pro Hektar gesetzt.

Durch die größeren Pflanzverbände spart man sich Kosten für Räumung der Kulturfläche, Pflanzen und Pflanzung, Kultursicherung und die spätere Bestandespflege.

2.2 Übernahme der vorhandenen Naturverjüngung

Wenn die Möglichkeit besteht, die vorhandene, brauchbare und standortgerechte Naturverjüngung in den Pflanzverband zu übernehmen, wird dies in der Praxis häufig gemacht (Abb. 16). Siehe auch Kapitel 1.1).

Vor allem nach großen Sturmschäden oder Käferbefall, wenn große Flächen gleichzeitig zur Pflanzung anstehen und diese nicht ausreichend oder mit nicht Standortgerechter Naturverjüngung bewachsen sind, besteht die Möglichkeit, durch eine sogenannte Trupp-Pflanzung (etwa 30 Pflanzen pro Trupp je nach Baumart und ein Abstand von Trupp zu Trupp mit etwa 10,0 × 10,0 m) die Fläche zu bepflanzen. Dadurch werden die Zeit zur Räumung, Pflanzung sowie die Pflanzkosten reduziert und es befindet sich eine genügende Anzahl von Standortgerechten Baumarten auf der Fläche. Weil die Trupps bei der Kulturpflege oftmals schlecht zu finden sind und die Begehbarkeit von Trupp zu Trupp auf der Fläche durch Brombeere oder Naturverjüngung erschwert wird, ist es wichtig, diese Trupps regelmäßig freizupflegen (Abb. 17).

Abb. 16. Passt die Naturverjüngung, sollte diese nach Möglichkeit übernommen werden.

Abb. 17. Das regelmäßige Freipflegen der Trupps verhindert, dass diese von der vorhandenen Naturverjüngung überwachsen werden.

2.3 Abstand halten

Bei der Anlage von Kulturflächen ist es sinnvoll, einen ausreichenden Abstand zum bestehenden Bestand einzuhalten (siehe auch 1.2). Wird dieses missachtet, lässt sich häufig beobachten, wie die Neupflanzung durch den angrenzenden Bestand weniger Licht und Wasser bekommt und dadurch schlechter wächst (Abb. 18). Durch ausreichende Abstände werden so Kosten bei der Kulturbegründung (Kulturflächenvorbereitung, Pflanzbestellung, Pflanzung und Schutz gegen Wild) und Schäden reduziert.

Ein weiteres Problem ergibt sich bei der Holzernte. Kronen können in die Kulturfläche fallen und Schäden an den Pflanzen verursachen.

Abb. 18. Wird zu dicht an den angrenzenden Bestand gepflanzt, verläuft die Entwicklung der neuen Kultur wegen der Licht- und Wasserkonkurrenz verzögert.

Abb. 19. Fehlender Abstand kann die Bewirtschaftung, insbesondere die Holzernte auf vielerlei Art beeinträchtigen.

Abb. 20. Ohne Abstand besteht die Gefahr der Beschädigung des Zaunes durch Holzabfuhr, Lagerung und anderem.

Zudem entstehen unnötige Kosten für deren Beseitigung. Wird dann auch noch zu nah an die Rückegasse gesetzt, hat man keinen Platz für Fahr- und Rückemanöver (Abb. 19).

Grenzt die Kulturfläche an einen befahrbaren Waldweg an, ist nicht auszuschließen, dass gerade hier einmal ein Polterplatz angelegt werden soll. Ist dies der Fall, sollten Sie mit der Kulturfläche mindestens 5,0 m, maximal aber 8,0 m Abstand einhalten. Dadurch werden die Kulturfläche und der nachfolgende Bestand nicht beeinträchtigt. Außerdem entsteht ein Waldinnentrauf, der mit seiner Kraut- und Strauchschicht zur Stabilität des Bestandes und zur Artenvielfalt beiträgt. Gleiches gilt auch für Wildschutzmaßnahmen, etwa für einen Zaun, der zu nahe am Waldweg errichtet wird (Abb. 20).

2.4 Grenzabstände nach dem BGB

Die Grenzabstände werden im Bürgerlichen Gesetzbuch (BGB) geregelt und ergänzt durch landesgesetzliche Vorschriften in den Ausführungen zum Bürgerlichen Gesetzbuch (AGBGB).

In Baden-Württemberg beispielsweise müssen die Grenzabstände von Bäumen auf Waldgrundstücken folgende Mindestabstände von der Grundstücksgrenze haben: Wald zu landwirtschaftlichen und sonstigen Flächen 8,0 m, alter Wald (schon vor 1969 Wald): 4,0 m, erklärte Waldlagen, Aufforstungsgebiete 4,0 m, Wald zu Wald 1,0 m und Wald zu Ödungen, Gewässern, Straßen 0 m (siehe Nachbarrechtsgesetz).

3 Die wichtigsten Pflanzverfahren im Blick

Es gibt verschiedene Pflanzverfahren, die je nach Bundesland und den örtlichen Gegebenheiten eventuell modifiziert sein können. Dabei bestimmen Boden und Pflanze das Pflanzverfahren. Je locker der Boden ist, umso besser kann dieser gekrümelt werden und es bilden sich keine Hohlräume. Dadurch werden die Wurzeln im Boden nicht gestaucht, zusammengedrückt und deformiert. Wenn sich der Boden krümeln lässt, können Sie mit jedem Pflanzverfahren eine Krümelpflanzung durchführen.

Bei der Krümelpflanzung wird die gewachsene Bodenstruktur bewusst mit der Pflanzhaue oder den Händen zerstört, damit die Wurzel mit dem gekrümelten lockeren Boden umfüttert werden kann. Mit dem gekrümelten lockeren Boden kann man die Zwischenräume in den Wurzeln füllen, ohne dass die Wurzeln zusammengequetscht und in ihrer natürlichen Wuchsform gestört werden.

Bei festen, schweren Böden kommt auch in der Regel nur eine Klemmpflanzung in Frage, weil dort der Boden nicht gekrümelt werden kann. Bei einer Klemmpflanzung wird die Bodenstruktur nicht beschädigt, damit der Boden nicht so schnell austrocknet. Haben sich bei der Pflanze schon stabile Seitenwurzeln ausgebildet, würden diese in das Pflanzloch bei der Klemmpflanzung geklemmt, gequetscht oder gedrückt und die natürliche Wuchsform der Wurzel wäre stark eingeschränkt.

Bei einem festen, schweren Boden sollten Sie daher immer kleinere Forstpflanzen beschaffen. Diese haben häufig noch einen sehr hohen Feinwurzelanteil und die Haupt- und Seitenwurzeln sind noch nicht baumarten-typisch ausgebildet und daher noch sehr elastisch.

Um Kosten bei der Kultursicherung und beim Schutz vor Wildverbiss zu sparen, wurden lange häufig größere Pflanzen gesetzt. Weil die Pflanzen dann mit ihrem Wurzelsystem zu groß für das Pflanzverfahren waren, musste man die Wurzeln so weit einkürzen, dass diese mit dem Pflanzverfahren gesetzt werden konnten. Dadurch sind die Pflanzen oft schlechter angewachsen, typische Wurzelformen konnten sich nicht mehr ausbilden und die spätere Stabilität des Bestandes war nicht mehr gewährleistet. Deshalb setzt man heute vorwiegend kleinere Pflanzen.

3.1 Mindestanforderungen an die Pflanzung

Bei der Ausführung der Pflanzung sollten Sie darauf achten, dass der Abstand der gepflanzten Pflanzen von Reihe zu Reihe und von Pflanze zu Pflanze in der Reihe so genau wie möglich ist. Auch sollte die Pflanze in der Reihe so gerade wie möglich gepflanzt werden. Dadurch wird das Auffinden und Ausmähen der Pflanzen bei der Kultursicherung erleichtert (Kapitel 5) und es werden weniger Pflanzen abgemäht.

Bei der Pflanzung sollten Sie folgende Punkte beachten:

Die Pflanze wird nicht in den Rohhumus gesetzt. Entfernen Sie daher immer zuerst die Rohhumusauflage vom Pflanzplatz.

Das Pflanzloch wird in der Größe der Wurzel angepasst.

Die Wurzel ist nicht in das Pflanzloch durch Einklemmen oder Einschwingen gequetscht.

Es kommt zu keinen Stauchungen oder Verbiegungen der Wurzel im Pflanzloch.

Die Wurzel sitzt nicht zu tief im Boden. Achten Sie auf die Tag-/Nachtzone an der Pflanze. Damit ist der Übergang von der Wurzel in den Spross gemeint (Abb. 21). Die Rinde im Wurzelbereich (Nachtzone) ist deutlich heller als die Rinde am Spross (Tagzone ist dem

Abb. 21. Der Übergang von Wurzel und Spross ist an der Rindenfärbung zu erkennen. Dieser Bereich sollte bei der Pflanzung auf Höhe der Bodenoberfläche sein.

Licht ausgesetzt). Die Pflanze wird so gesetzt, dass sie ungefähr gleich tief sitzt wie im Pflanzbeet der Pflanzschule.

- Alle Wurzeln befinden sich im Boden.
- Die Pflanze so antreten/-drücken, dass sie fest im Boden sitzt. Dabei den Wurzelhals nicht beschädigen.
- Bedecken Sie die Pflanzstelle wieder mit Streu, so ist sie vor Kälte und Austrocknung geschützt.
- Der Boden darf dort nicht durch massives Auftreten um die Pflanze stark verdichtet werden.

3.2 Pflanzentransport auf der Fläche

Beim Mitführen der Pflanzen auf der Fläche sollte darauf geachtet werden, dass die Wurzeln durch geeignete Pflanztransportbehältnisse vor Wind und Sonne geschützt sind. Wird der Pflanzenbund ohne Schutz von Pflanzung zu Pflanzung transportiert, vertrocknen die Wurzeln in kürzester Zeit. Auch rutschen häufig Pflanzen aus dem Bund und bleiben ungeschützt auf der Fläche liegen. Wird dagegen ein herkömmlicher Kunststoffsack, beispielsweise ein Mineraldüngersack verwendet, entsteht bei Sonneneinstrahlung im Inneren des Sackes ein Treibhausklima. Die Wurzeln überhitzen. Für die Pflanzen

Abb. 22. Pflanztragetaschen gibt es wahlweise mit einer Tiefe von 45 oder 37 cm.

Abb. 23. Pflanzsack aus imprägniertem Jute-Leinengewebe.

sollten Sie daher immer geeignete Pflanztransportsysteme verwenden:

- Die Pflanzentragetasche mit breitem Schultergurt und unterschiedlich tiefen Taschen (Abb. 22).
- Der Pflanzsack aus imprägniertem Jute-Leinengewebe mit zwei Griffschlaufen (Abb. 23).
- Der Pflanzsack aus grobem Jutegewebe (Rupfensack) lässt sich durch Umstülpen an die Pflanzengröße anpassen (Abb. 24).
- Der Pflanzsack aus festem Segeltuch mit Umhängegurt ist für Pflanzen bis zu 70 cm Sprosslänge geeignet (Abb. 25).
- Der Pflanzsack und der Pflanztragesack sind aus robustem Stoff gemacht und dadurch länger verwendbar. Ein zusätzliches Befeuchten des Stoffes reduziert die Atmungsverluste des Pflanzmaterials.
- Der Transport- und Frischhaltebeutel aus starker, doppelseitiger Folie (außen Silber und innen schwarzer Folie). Bei der Pflanzung kann der Beutel durch Umstülpen der Pflanzgröße angepasst werden (Abb. 7).

Beim Transport auf der Fläche sollten Sie generell darauf achten, dass Sie nicht zu viele Pflanzen im Pflanztransportsystem mitnehmen.

Abb. 24. Der Jutesack lässt sich durch Umstülpen der Pflanzengröße anpassen.

Abb. 25. Für bis zu 70 cm große Pflanzen ist der Tragesack aus Segeltuch geeignet.

3.3 Persönliche Schutzausrüstung zur Pflanzung

Bei der Pflanzung ist es sinnvoll, dass Sie Sicherheitsschuhe, der Witterung angepasste Handschuhe und eine Arbeitshose mit Kniepolster (Abb. 26) tragen. Bei vielen Pflanzverfahren müssen Sie nämlich häufig abknien. Dabei wird das Knie durch das Polster gegen Nässe und den unebenen Boden geschützt.

3.4 Gängige Pflanzverfahren

Je nach Pflanzengröße und Standortbedingungen werden verschiedene Pflanzverfahren angewandt.

3.4.1 Die Winkelpflanzung

Die Winkelpflanzung wird mit der Wiedehopfhaue durchgeführt. Das Verfahren ist für Pflanzen gedacht, deren Wurzeln kleiner als das Blatt der Wiedehopfhaue (15 cm) sind. Für größeres Pflanzmaterial ist das Verfahren weniger geeignet. Bei der Ausführung bilden in der Grundstellung Füße und Hacke immer ein gleichschenkliges Dreieck. Den Hauenstiel gibt es passend für Ihre Körpergröße in verschiedenen Längen. Wie die Winkelpflanzung abläuft, wird im Folgenden beschrieben.

Räumen Sie zuerst die Rohhumusauflage weg und legen Sie den Transportbehälter auf die rechte Seite. Der Beilhieb wird in Höhe des ausgestellten linken Fußes ausgeführt und nach vorne ausgehebelt (Abb. 27). Je nach Boden müssen Sie einen zweiten Hieb durchführen.

Der Winkelhieb wird so ausgeführt, dass er auf der rechten Seite ist (Abb. 28). Auch hier ist eventuell ein zweiter Hieb notwendig.

Abb. 26. Ein Kniepolster schützt vor Nässe und unebenem Boden.

Abb. 27. Der gesetzte Beilhieb wird nach vorne ausgehebelt.

Abb. 28. Der Winkelhieb wird ebenfalls auf der rechten Seite ausgeführt.

Abb. 29. Durch Beugen des Hackenstils nach vorn und seitlich wird das Pflanzloch geöffnet.

Abb. 30. Die Pflanze wird in das Pflanzloch eingeschwungen.

Abb. 31. Beim Ausrichten muss die Pflanze senkrecht stehen, die Wurzeln dürfen nicht gestaucht sein.

Abb. 32. Zum Abschluss die Pflanze vorsichtig antreten.

Nun wird der Hackenstiel zuerst nach vorne, dann zur Seite gedrückt. Dabei rückt der rechte Fuß auf die Höhe des Pflanzloches und das Pflanzloch öffnet sich (Abb. 29).

Nun schwingen Sie die Pflanze ins Pflanzloch (Abb. 30). Beachten Sie dabei, dass die Pflanze tief genug sitzt und der Wurzelhals im Boden ist.

Richten Sie die Pflanze aus, damit sie gerade steht und keine Wurzeln gestaucht werden oder herausstehen (Abb. 31).

Hebeln Sie die Wiedehopfhaue über das rechte Knie oder den Oberschenkel heraus und treten Sie die Pflanze an (Abb. 32). Vorsicht, damit der Wurzelhals nicht beschädigt wird.

3.4.2 Pflanzen im Rhodener Verfahren

Das Rhodener Pflanzverfahren mit der Hartmann-Haue ist dank seiner vielen Schlagvarianten universell einsetzbar (Boden, Pflanzgröße, Wurzelgröße). Hat die Wurzel die Größe der Haue (bis 25 cm), ist sie optimal für das Pflanzverfahren geeignet. Nachfolgend wird dieses Pflanzverfahren beschrieben.

Entfernen Sie zuerst die Rohhumusauflage. Stellen Sie den linken Fuß vor. Die Hartmann-Haue wird beidhändig geführt und trifft rechts vom Körper auf die Erde. Beim Auftreffen auf dem Boden lockern Sie den Griff oder lassen ihn los (Abb. 33).

Die Haue jetzt nach vorne drücken, damit der Boden gelockert wird. Die rechte Hand bleibt am Knauf, gerader Rücken (Abb. 34).

Führen Sie den gleichen Hieb nochmals durch, bis die gewünschte Pflanztiefe erreicht ist.

Abb. 33. Beim Auftreffen der Haue den Griff lockern oder lösen.

Abb. 34. Zum Lockern des Bodens die Haue nach vorn drücken.

Die Haue nach vorne drücken und mit der rechten Hand am Stiel nach vorne rutschen. Drücken Sie den Stiel zum Boden und knien auf dem rechten Knie ab. Dabei öffnet sich das Pflanzloch.

Die Pflanze wird jetzt am Blatt der Haue in das Pflanzloch geschoben. Dann wird die Haue am Hackenflansch herausgezogen und die Pflanze nochmals tiefer in das Pflanzloch geschoben (gegenläufige Bewegung).

Ziehen Sie jetzt die Pflanze so weit heraus, dass sie so sitzt wie vor dem Ausheben in der Pflanzschule. Das heißt, die Wurzeln sind gestreckt und gerade (Abb. 35).

Nun führen Sie den Schließstich durch. Das Hauenblatt wird dabei auf der rechten Seite etwa 10,0 cm seitlich hinter der Pflanze angesetzt. Das Hauenblatt wird dabei zuerst schräg von hinten in den Boden gedrückt, anschließend hebelt man den Hauenstiel nach vorne (Abb. 36).

Beim Rhodener Verfahren ist ein häufiges Abknien unumgänglich. Deshalb sollten Sie eine Arbeitshose wählen, die ein verstärktes Knie

Abb. 35. Die Pflanze etwas herausziehen, bis die Wurzeln gerade sind.

Abb. 36. Schließstrich: Das Hauenblatt an der Pflanze vorbei drücken.

mit einem einlegbaren Kniepolster besitzt (Abb. 26). Bei sehr schweren Böden müssen Sie eventuell öfters folgende Hiebe (Abb. 33 und 34) durchführen, damit das Pflanzloch die gewünschte Breite, Länge und Tiefe erhält.

3.4.3 Pflanzen mit dem Hohlspaten

Die Lochpflanzung ist ein Pflanzverfahren, das sich für eine Wurzellänge bis etwa 25 cm eignet und im Ein- beziehungsweise Zweimann-Verfahren ausgeführt werden kann.

Für die Lochpflanzung nehmen Sie einen Hohlspaten. Die Lochpflanzung eignet sich auf leichtem bis mittelschwerem Boden. Dieser sollte möglichst steinfrei und wenig durchwurzelt sein, damit der Erdpfropf beim Herausheben nicht auseinander fällt.

Zuerst räumen Sie die Streu vom Pflanzloch weg. Der erste Hohlspatenstich erfolgt senkrecht, dabei zeigt die Hohlspatenöffnung zum Körper. Drücken Sie jetzt den Hohlspaten mit dem Fuß in den Boden (Abb. 37).

Beim Herausziehen stellen Sie die Fußspitze in die Hohlspatenöffnung (Abb. 38).

Den zweiten Hohlspatenstich führen Sie schräg zum ersten Hohlspatenstich. Dabei zeigt die Spatenöffnung vom Körper weg (Abb. 39). Beide Stiche müssen sich ein wenig überschneiden, damit Sie den Erdpfropf herausheben können. Sollte dabei etwas Erde in das Pflanzloch fallen, räumen Sie diese wieder mit der Hand heraus (Abb. 40). Schwingen Sie jetzt die Pflanze so in das Pflanzloch, dass die Pflanze gerade beim ersten Hohlspatenstich steht und die Wurzel nicht gestaucht ist (Abb. 41).

Dann nehmen Sie den Hohlspaten mit dem Erdpfropf und setzen ihn in das Pflanzloch (Abb. 42).

Halten Sie die Pflanze dabei fest, damit sie gerade steht und die Wurzel nicht gestaucht wird. Zum Schluss treten Sie die Pflanze fest (Abb. 43). Zur Kontrolle, ob die Pflanze richtig sitzt, ziehen Sie am Terminaltrieb.

Abb. 37. Der erste Spatenstich wird senkrecht zum Körper angesetzt (links) und der Hohlspaten mit dem Fuß eingedrückt.

Abb. 38. Beim Herausziehen des Hohlspatens den Erdballen mit dem Fuß festhalten.

Abb. 39. Der zweite Spatenstich wird schräg zum ersten geführt.

Abb. 40. Die Überlappung der Stiche gibt einen sauberen Erdballen.

Abb. 41. Die Pflanze ohne Stauchen der Wurzeln in das Pflanzloch einschwingen.

Abb. 42. Mit dem Erdpfropf das Loch wieder verschließen.

Abb. 43. Die Pflanze gut festtreten und die Streu wieder verteilen.

3.4.4 Pflanzen mit dem Göttinger Fahrradlenker

Die Pflanzung mit dem Göttinger Fahrradlenker ermöglicht eine ergonomische Haltung des Bedieners. Eine aufrechte Körperhaltung bei dem Schließstich, Einsatz der großen Muskelgruppen des Körpers und das Abknien bei der Pflanzung verringern die körperliche Belastung des nachfolgend beschriebenen Pflanzverfahrens. Zudem kann der Göttinger Fahrradlenker auf die Körpergröße des Bedieners eingestellt werden. Eine Tragetasche für das Pflanzgut erleichtert Ihnen zusätzlich die Arbeit. Geeignet sind Pflanzen mit einer Wurzellänge bis zu 30 cm und leichte bis mittelschwere Böden.

Und so gehen Sie vor: Zuerst räumen Sie die Streu am Pflanzloch weg. Stechen Sie den Fahrradlenker leicht schräg ein (Abb. 44).

Stellen Sie ein Bein weit nach vorne und drücken den Fahrradlenker mit beiden Armen und einem geraden Rücken nach vorne (Abb. 45).

Damit der Rücken gerade bleibt, stützen Sie dabei den Oberkörper auf dem Göttinger Fahrradlenker ab. Nun ziehen Sie den Göttinger Fahrradlenker nach hinten (Abb. 46). Dadurch entsteht ein Pflanzspalt.

Drehen Sie den Göttinger Fahrradlenker auf die Seite, auf der Sie abknien werden. Dadurch öffnet sich das Pflanzloch (Abb. 47). Nehmen Sie jetzt die Pflanze aus dem Tragesystem, drücken beim

Abb. 44. Der erste Einstich wird leicht schräg angesetzt.

Abb. 45. Den Lenker mit geradem Rücken nach vorne drücken.

Abb. 46. Beim Ziehen nach hinten entsteht ein Spalt.

Abb. 47. Durch seitliches Drehen öffnet sich das Pflanzloch.

Abb. 48. Beim Abknien den Lenker zur Seite drücken und die Pflanze einlegen.

Abb. 49. Mit dem Schließstich 20 cm hinter der Pflanze wird das Wurzelwerk angedrückt.

Abknien den Lenker auf die Seite auf der Sie knien und setzen die Pflanze vorbei am Lenker in das Pflanzloch (Abb. 48).

Achten Sie beim Einsetzen der Pflanze, dass sie gerade und nicht zu tief sitzt. Dadurch vermeiden Sie Wurzelstauchungen. Beim Aufstehen stützen Sie sich auf dem Fahrradlenker ab. Führen Sie dann den Schließstich, indem Sie den Göttinger Fahrradlenker etwa 20 cm hinter der Pflanze mit dem ganzen Blatt in den Boden stechen. Zuerst ziehen Sie den Göttinger Fahrradlenker zum Körper. Dabei wird das untere Wurzelwerk angedrückt. Dann drücken Sie nach vorne auf die Pflanze. Dabei wird das obere Wurzelwerk angedrückt (Abb. 49). Zum Schluss nehmen Sie den Göttinger Fahrradlenker aus dem Schließstich heraus und machen mit dem Blatt den Schließstich zu.

3.4.5 Die Königsbronner Schlaglochpflanzung

Damit Ihre Pflanzen gut anwachsen, sollten Sie verhindern, dass die Wurzeln durch Einklemmen oder Einschwingen gequetscht werden oder es zu Stauchungen beziehungsweise Verbiegen der Wurzeln kommt. Meist wird durch Herabdrücken und durch das massive Auftreten der Boden zu stark verdichtet. Diese Pflanzfehler lassen sich durch die Königsbronner Schlaglochpflanzung im modifizierten Rhodener Pflanzverfahren reduzieren.

Abb. 50. Zur Ausrüstung gehören Knieschützer, die Pflanzlochhaue Vario II und Handschuhe.

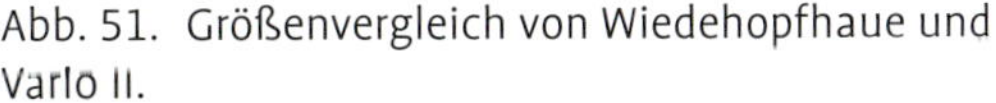

Abb. 51. Größenvergleich von Wiedehopfhaue und Vario II.

Abb. 52. Das Haubeil trennt den Boden auf.

Abb. 53. Abstechen des hinteren Pflanzlochrandes.

Um diese durchzuführen, benötigen Sie eine Pflanzlochhaue Vario II nach Braun, Arbeitshandschuhe, die auf der Innenseite beschichtet sind, Knieschützer zum Abknien oder eine Arbeitshose mit einlegbarem Kniepolster (Abb. 50).

Abbildung 51 zeigt deutlich den Unterschied zwischen Wiedehopfhaue und der Vario II nach Braun. Diese hat eine Blattlänge von etwa 30 cm und der Blattwinkel ist größer als 90°. Dadurch kann sie viel tiefer in den Boden eindringen und das Pflanzloch wird größer.

Nachfolgend wird die Königsbronner Schlaglochpflanzung im modifizierten Rhodener Pflanzverfahren beschrieben.

Entfernen Sie zuerst die Rohhumusauflage. Stellen Sie den linken Fuß vor. Die Pflanzhaue wird beidhändig geführt und trifft rechts vom Körper auf die Erde. Beim Auftreffen auf den Boden lockern Sie den Griff oder lassen ihn los. Mit dem Hauenbeil wird jetzt zuerst der Boden seitlich durchtrennt. Das erleichtert später das Aufhebeln und Aufbrechen des Bodens (Abb. 52).

Nun wird mit dem Blattschlag der hintere Pflanzlochrand abgestochen. Dabei dringt das Hauenblatt zu etwa zwei Drittel in den Boden ein (Abb. 53).

Jetzt wird mit weiteren Blattschlägen nach vorne das Pflanzloch auf eine Länge von zirka 25 cm erweitert. Dabei dringt das Hauenblatt immer zu etwa zwei Drittel in den Boden ein (Abb. 54).

Beim Blattschlag drücken/hebeln Sie den Hauenstiel nach vorne (Abb. 55). Der Boden wird dabei aufgebrochen. Diesen müssen Sie jetzt mit der Blattspitze zerhacken (krümeln).

Beim letzten Hieb gehen Sie auf die maximale Tiefe. Das heißt, das Blatt ist komplett im Boden (Abb. 56).

Die Haue nochmals nach vorne drücken, dann mit der rechten Hand am Stiel nach vorne rutschen, gleichzeitig den Stiel zu Boden drücken und auf dem rechten Knie abknien. Dabei öffnet sich das

Pflanzloch (Abb. 57). Bei Bedarf müssen Sie das Pflanzloch erweitern und nochmals die Erde zerkrümeln.

Die Pflanze wird jetzt am Blatt der Pflanzhaue in das Pflanzloch geschoben. Ziehen Sie die Pflanzhaue zu sich und gleichzeitig heraus. Dadurch wird das Pflanzloch größer und die Pflanze kann nochmals tiefer in das Pflanzloch geschoben werden (gegenläufige Bewegung). Dies funktioniert aber nur, wenn Sie vorher den Boden gut zerkrümelt haben (Abb. 58).

Ziehen Sie jetzt die Pflanze soweit heraus, dass sie so tief im Boden sitzt, wie vor dem Ausheben in der Pflanzschule. Die Wurzel wird dabei gestreckt und Sie können die Pflanze ausrichten.

Nun führen Sie den Schließstich durch. Das Hauenblatt wird nun von hinten in einem Abstand von etwa 15 cm in den Boden gedrückt, ohne dass die Wurzel getroffen wird. Sie dürfen die Haue jetzt nicht nach vorne drücken (Abb. 59). Es soll nur der sogenannte Pflanzkeller unter der Wurzel mit diesem Schließstich geschlossen werden. Ist das Verfahren richtig ausgeführt worden, sollte die Pflanze jetzt schon gut sitzen.

Ziehen Sie die Haue heraus und umfüttern Sie die Pflanze mit der gekrümelten Erde von Hand (Abb. 60). Auf keinen Fall dürfen Sie die Pflanze feststampfen. Räumen Sie nach der Pflanzung die Rohhumusauflage an die Pflanze, so verhindern Sie das Austrocknen der Erde um die Pflanze.

Abb. 54. Das Hauenblatt dringt zu zwei Dritteln in den Boden ein.

Abb. 55. Der Hauenstiel wird immer weiter nach vorn gehebelt.

Abb. 56. Der letzte Hieb geht auf maximale Tiefe.

Abb. 57. Beim Abknien wird das Pflanzloch geöffnet.

Abb. 58. Die Pflanze wird sorgfältig eingeschoben.

Abb. 59. Das Hauenblatt drückt aus sicherem Abstand den Boden an die Wurzeln.

Abb. 60. Mit den Händen wird die Erde festgedrückt. Die Pflanze nicht feststampfen.

3.4.6 Einsatz des Neheimer Pflanzspatens

Die Krümelpflanzung mit dem Neheimer Pflanzspaten ist eine Alternative zur Pflanzhaue Vario II und zur Hartmann-Haue. Der Unterschied dabei ist, dass das Pflanzloch durch Aufhebeln mit dem Körpergewicht entsteht und ein Großteil der Pflanzung in aufrechter Körperhaltung stattfindet. Dieses Pflanzverfahren kann dort angewendet werden, wo der Boden krümelfähig ist, feste und steinige Böden eignen sich nicht dafür. Die Wurzellänge sollte beim Laubbeziehungsweise beim Nadelholz nicht größer als 30 cm sein.

Nachfolgend wird die Pflanzung mit dem Neheimer Pflanzspaten auf einem gut krümelfähigen Boden und an Fichten mit einer Sprosslänge von 50/80 cm und einer Wurzellänge von etwa 25 cm beschrieben.

Entfernen Sie zuerst die Rohhumusauflage. Nun wird mit dem Neheimer Pflanzspaten zuerst der hintere Pflanzlochrand abgestochen, dabei dringt das Spatenblatt etwa zwei Drittel in den Boden ein (Abb. 61).

Jetzt wird mit weiteren Spatenstichen das Pflanzloch nach vorne auf eine Länge von zirka 25 cm erweitert. Dabei dringt das Spatenblatt immer etwa zu zwei Dritteln in den Boden ein. Drücken Sie den Spatenstiel mit geradem Rücken und mit den Oberarmen nach vorne, bis diese ausgestreckt sind (Abb. 62).

Der Boden wird dabei gelockert. Bei Bedarf müssen Sie diesen noch mit der Blattspitze zerhacken (krümeln). Beim letzten Einste-

Abb. 61. Zuerst wird mit dem Neheimer Pflanzspaten der hintere Pflanzlochrand abgestochen.

Abb. 62. Den Spatenstil vom Körper wegdrücken. Das lockert den Boden.

Abb. 63. Den gelockerten Boden nach vorne drücken.

Abb. 64. Beim Nach-hinten-Ziehen des Spatens öffnet sich das Pflanzloch.

Abb. 65. Die Pflanze wird am Blatt des Spatens in das Pflanzloch geschoben.

Abb. 66. Ziehen Sie die Pflanze wieder soweit heraus, wie sie in der Baumschule eingepflanzt war.

chen in den Boden gehen Sie auf die maximale Tiefe, das heißt, das Spatenblatt ist komplett im Boden. Dann wird mit dem Neheimer Pflanzspaten der gelockerte Boden mit dem ganzen Körper nach vorne gedrückt (Abb. 63).

Zum Öffnen des Pflanzlochs wird dieser nach hinten gezogen (Abb. 64).

Eventuell müssen Sie das Pflanzloch erweitern und nochmals die Erde zerkrümeln. Diese Arbeitsschritte werden alle in einer körperschonenden aufrechten Arbeitshaltung durchgeführt.

Nun wird die Pflanze am Blatt des Pflanzspatens in das Pflanzloch geschoben und dieser wieder herausgezogen (Abb. 65).

Ziehen Sie jetzt die Pflanze soweit heraus, dass sie gleich tief im Boden sitzt wie vor dem Ausheben in der Pflanzschule. Die Wurzel wird dabei gestreckt und Sie können die Pflanze ausrichten (Abb. 66).

Abb. 67. Die Erde wieder andrücken und die Rohhumusstreu an der Pflanzstelle verteilen.

Zum Schluss umfüttern Sie die Pflanze mit der gekrümelten Erde von Hand oder mit dem Spatenblatt. Diese Arbeitsschritte können Sie in aufrechter Körperhaltung oder alternativ in abgeknieter Position durchführen.

Drücken Sie abschließend die Erde leicht mit den Füßen oder den Händen fest (Bild 67).

3.4.7 Maschinelle Pflanzung

Die maschinelle Pflanzung wird häufig in Sondersituationen auf großen Flächen durchgeführt, etwa nach Sturm oder Käferholzbefall. Dabei werden die Pflanzen mit Anbaugeräten an Traktoren oder mit Aggregaten (Bohrer, Löffel, Krümler, ...) an Großmaschinen (Minibagger, Bagger, Vorwarder) gepflanzt. Der Grund dafür ist, dass keine Flächenvorbereitung notwendig ist. Außerdem können größere Pflanzen verwendet und die hohe Leistung der Großmaschinen genutzt werden.

Da die Großmaschinen nur auf den vorhandenen Rückegassen fahren, kann es je nach Abstand der Rückegassen zueinander vorkommen, dass die Pflanzfläche ganz oder nur teilweise bepflanzt werden kann.

Neben der Größe der Fläche ist auch die Bodenbeschaffenheit wichtig. Ist der Boden schwer und neigt zum Verdichten oder zum Schmieren (hoher Tonanteil im Boden) beim Befahren oder Bohren, ist die maschinelle Pflanzung nicht ratsam.

Wird ein Pflanzloch auf einem schweren Boden hergestellt, kann der Rand des Pflanzloches verdichtet oder zugeschmiert werden und das Wurzelwachstum ist gestört. Für die Wurzel wirkt sich das gleich aus wie in einem zu kleinen Topf. Die Wurzeln können die Wand des Pflanzloches nur schwer durchdringen und es kann zu Staunässe führen, weil das Wasser nicht ungehindert versickert.

Eine Alternative zur maschinellen und händischen Pflanzung ist die Pflanzung mit dem Pflanzfuchs. Mit ihm kann die ganze Fläche gepflanzt werden, der Bediener braucht nur Gehörschutz und Handschuhe beim Bohren der Pflanzlöcher. Auch bei diesem Verfahren gilt, dass je nach Boden das Bohrloch verdichtet oder zugeschmiert wird.

Es gibt auch Bohrer auf dem Markt, die so konstruiert sind, dass beim Bohren die Seitenwand aufgerissen wird.

4 Forstpflanzen und das Wild

4.1 Verbiss, Schälen und Fegen

Schäden an Forstpflanzen durch Verbiss oder Fegen werden je nach Region und Vorkommen von Reh-, Rot-, Dam-, Muffel-, Sitka- und Gamswild verursacht, manchmal auch durch Hasen und Kaninchen. Das Schwarzwild richtet in Waldbeständen in der Regel keine wirtschaftlichen Schäden an. Nur in Mastjahren von Eiche und Buche werden die Eicheln und Bucheckern vom Schwarzwild gefressen und es kommt eventuell keine Naturverjüngung auf. Auf landwirtschaftlichen Flächen kommt es häufig zu wirtschaftlichen Schäden durch das Umdrehen ganzer Weideflächen oder Ackerflächen.

Schälschäden werden durch das Abziehen der Rinde im Sommer und das Abnagen der Rinde im Winter verursacht. Dadurch kann der Baum absterben oder es tritt Fäule in den Baum ein.

Von Verbiss spricht man, wenn das Wild die Terminalknospe und die Seitentriebe abäst. Beim Verbiss unterscheidet man zwischen Sommer- und Winterverbiss: Beim Sommerverbiss werden die frischen und unverholzten Triebe, beim Winterverbiss die verholzten Triebe beäst. Fegeschäden entstehen durch das Abfegen des Bastes, also der Haut am neu gewachsenen Geweih vom geweihtragenden Wild. Dabei bevorzugt das Wild jeweils bestimmte Baumarten. So sind beispielsweise Tanne, Eiche, Ahorn und Esche sehr anfällig gegen Verbiss. Bevorzug verfegt werden Tanne, Kiefer, Lärche und Douglasie.

Die Folgen solcher Wildschäden können Zuwachsverluste durch das Ausbilden mehrerer Gipfeltriebe oder das Absterben einzelner Forstpflanzen sein. Gefährdet sind besonders einzelne, seltene und wertvolle Baumarten, die aber für einen gesunden und vitalen Mischwald wichtig sind. Hier kann es zu Totalverlusten kommen. Eventuell müssen ausgefallene Pflanzen dann nachgesetzt werden. Dadurch verlängert sich allerdings die Phase der Kultursicherung und man muss nachträglich noch Schutzmaßnahmen gegen das Wild ergreifen.

4.2 Maßnahmen gegen Wildschäden

Die Wildschadensproblematik bedarf eines konstruktiven Miteinanders von Waldbesitzer und Jagdpächter. Durch eine angemessene Wildbestandesregulierung, sprich durch Bejagung einerseits und eine Verbesserung des Äsungsangebotes andererseits, können Wildschäden auf ein erträgliches Maß reduziert werden. Gleichwohl wird man nicht um zusätzliche Schutzmaßnahmen herumkommen, etwa bei einer Neupflanzung.

4.2.1 Waldbauliche Maßnahmen

Wildschadensvermeidung beginnt schon bei der Kulturbegründung, etwa durch die Wahl von größeren Pflanzverbänden und ausreichend großen Abständen zu Rückegassen, Bestandesrändern und Waldwegen. Durch den größeren Abstand entsteht mehr Äsungsfläche für das Wild. Dadurch ist der Druck auf die gepflanzte Fläche nicht mehr so groß. Auf diesen Flächen können dann Sträucher, Gräser und Halbbäume wachsen, die für das Wild interessanter sind als die Forstpflanzen. Wachsen diese nicht von selbst, besteht die Möglichkeit, sie bei der Kulturbegründung zu pflanzen. Sinnvoll ist es auch, Wildäcker und Wildwiesen im Wald anzulegen. So schafft man ein vielfältiges Äsungsangebot für das Wild und nimmt den Druck von den Forstpflanzen. Das Angebot an Äsung und Einstand lässt sich auch dergestalt erhöhen, dass ein nicht mehr benötigter Kulturzaun abgebaut wird, sofern die geschützten Forstpflanzen nicht mehr durch Verbiss und Begleitflora gefährdet sind.

4.2.2 Einzelschutz gegen Verbiss

Die Terminalknospe kann gegen den Verbiss mechanisch oder chemisch geschützt werden. Beim mechanischen Schutz wird die Gipfelknospe durch natürliche Fasern, wie etwa Schafwolle (Abb. 68), Klebeband, Kunststoffclips und Terminalschutzkappen geschützt.

Diese werden so an der Terminalknospe angebracht, dass ein Austreiben nicht behindert wird. Die Kunststoffclips gibt es in verschiedenen Ausführungen. In der Regel müssen diese einmal im Jahr nach oben versetzt werden (Abb. 69). Nur die Terminalschutzkappe wächst mit.

Beim chemischen Schutz werden die Verbissschutzmittel durch Spritzen (Niederdruck- oder Hochdruckspritzen), Betupfen (Pinsel) und Streichen (Verbissmittelzange Kuckuck, Doppelbürste Waldfreund) auf den Terminaltrieb aufgebracht. Diese chemischen Verbissschutzmittel eignen sich je nach Hersteller für Sommer- beziehungsweise für Winterverbiss und müssen jedes Jahr erneuert werden. Es gibt auch Verbissschutzmittel, die sich für Sommer- und Winterverbiss eignen. Die chemischen Mittel wirken über Geruchs- und Geschmacksstoffe.

Die Verbissschutzmittel werden vom Bundesamt für Verbraucherschutz und Lebensmittelsicherheit geprüft und zugelassen. Beachten Sie deshalb die Produktinformationen und die Gebrauchsanleitung.

4.2.3 Einzelschutz gegen Fegen

Der mechanische Fegeschutz wird in der Regel an einzelnen beigemischten Baumarten angebracht, die gerne verfegt werden, wie beispielsweise Lärche, Douglasie, Kirsche und Bergahorn. Oft sieht man, dass in kleinen Flächen mit den oben genannten Baumarten alle Forstpflanzen geschützt werden.

Abb. 68. Natürliche Fasern wie Schafwolle können die Terminalknospe schützen.

Abb. 69. Die Terminalschutzmanschette muss jährlich höher gesteckt werden.

Abb. 70. Fegeschutzspiralen wachsen mit und verrotten später.

Beim mechanischen Fegeschutz gibt es eine Vielzahl an Produkten, zum Beispiel Raugipfel aus astigen und trockenen Fichtengipfeln oder Pfähle, die neben die Pflanze eingeschlagen werden und dann nach einiger Zeit verrotten.

Der Handel bietet auch Fegeschutzspiralen aus Kunststoff an, die in der Regel mitwachsen und verrotten und nur in Ausnahmefällen einwachsen und abgebaut werden müssen (Abb. 70).

Bei den Drahtvarianten besteht häufig die Gefahr, dass diese ins Holz einwachsen beziehungsweise Verletzungen beim Wild verursachen. Deshalb müssen sie immer abgebaut werden.

Der chemische Fegeschutz wird im Streichverfahren im Frühjahr an die Forstpflanze angebracht. Er wirkt nur über Geruchsstoffe und muss gemäß den Herstellerangaben regelmäßig erneuert werden.

4.2.4 Einzelschutz gegen Verbiss und Fegen

Um einzelne Forstpflanzen gegen Verbiss und Fegen zu schützen, wurden früher häufig sogenannte Drahthosen verwendet, die aber gerne vergessen wurden und dann eingewachsen sind. Die Drahthosen müssen daher rechtzeitig abgebaut und entsorgt werden (Abb. 71).

Eine Alternative sind die sogenannten Gitter- oder Netzschutzhüllen aus Kunststoff. Diese müssen in der Regel nicht mehr abgebaut und entsorgt werden (Abb. 72).

Abb. 71. Drahthosen – hier an einer Kirsche – müssen rechtzeitig abgebaut werden, bevor sie einwachsen.

Abb. 72. Fegeschutz aus Kunststoff an einer Douglasie. Ein Abbau ist meist nicht mehr notwendig, da das Material verrottet.

Abb. 73. Jede oder einzelne Pflanzen können mit einer Wuchshülle geschützt werden.

Abb. 74. Ein Zaun schützt die Fläche über einen längeren Zeitraum.

Abb. 75. Zäune müssen regelmäßig kontrolliert werden. Sind sie nicht mehr wilddicht, geht die Schutzwirkung verloren.

Eine weitere Alternative sind die sogenannten Wuchshüllen. Diese schützen die Forstpflanze gegen Verbiss und Fegen. Außerdem fördern sie das Höhenwachstum durch den Treibhauseffekt im Inneren der Kunststoffröhre. Die Wuchshüllen verrotten, wachsen dadurch nicht ein und müssen auch nicht entsorgt werden (Abb. 73).

4.2.5 Flächenschutz

Mit einem Zaun werden alle Forstpflanzen auf der Fläche gegen Verbiss und Fegen geschützt. Der Zaun schützt die Fläche über einen längeren Zeitraum hinweg – in Abhängigkeit von der Bauart und Baumart (Abb. 74). Wird das Zaungeflecht regelmäßig freigemacht, kann es mehrmals verwendet werden.

Nachteil ist, dass Sie den Zaun regelmäßig kontrollieren müssen, ob er noch wilddicht ist (Abb. 75). Außerdem muss er abgebaut werden, wenn er nicht mehr benötigt wird.

Welchen Schutz Sie verwenden, hängt von der Baumart, Flächengröße, Pflanzanzahl, vom Wildverbiss und vom erforderlichen Schutzzeitraum der Forstpflanzen ab. Manche Einzelschutzmaßnahmen sind in der Anschaffung (Materialkosten) billiger als die Lohnkosten für die jährliche Ausbringung. Beim Flächenschutz sind die Materialkosten deutlich höher als die Lohnkosten, es entstehen aber laufende Kosten durch die Kontrolle und eventuell für die Reparatur.

5 Kulturpflege

Bevor Sie eine Kultursicherungsmaßnahme durchführen, sollten Sie die Fläche begehen und genau abwägen, ob, wann und in welchem Umfang Ihre Kulturfläche bearbeitet werden muss. Der Zeitpunkt der Kultursicherungsmaßnahme sollte so gewählt werden, dass die neuen Triebe verholzt sind und die Pflanze noch sichtbar ist. Sind auf der Kulturfläche die Pflanzen nicht mehr sichtbar, helfen die belassen Fluchtstäbe von der Pflanzung, die den Reihenverlauf kennzeichnen (Abb. 76). Zweckmäßig ist es, die Kulturpflege je nach Pflanzengröße in den Monaten Juni und Juli durchzuführen.

5.1 Auskesseln, Gassen- und Flächenschnitt

Eine nicht so intensive Bearbeitung der Kulturfläche ist das Auskesseln der Pflanzen oder der Reihenschnitt. Wurde ein Weitverband bei der Pflanzung gewählt – der Reihenabstand ist größer als 4,0 m und der Pflanzabstand in der Reihe ist größer als 2,0 m -, wird nur die Fläche um die Pflanze herum freigemäht (Abb. 77). Das sogenannte Auskesseln ist je nach Bewuchs der Fläche mit Brombeere, Springkraut, Adlerfarn und anderem sehr schwierig. Die Begehbarkeit ist erschwert und dadurch kommt die Maßnahme auch teuer.

Erfolgte die Pflanzung in einem weiteren Verband – der Reihenabstand ist größer 2,0 m und der Pflanzabstand in der Reihe liegt unter 2,0 m -, kann per Gassenschnitt gepflegt werden. Das heißt, das Ausmähen beschränkt sich auf eine jeweils 50 cm breite Teilfläche links und rechts entlang der Pflanzreihen. Der Gassenschnitt (Abb. 78) ist daher nicht so zeitaufwändig und dadurch nicht so teuer.

Abb. 76. Fluchtstäbe von der Pflanzung helfen bei den späteren Pflegemaßnahmen, wenn die Forstpflanzen von der Begleitflora schon überwachsen sind (links bei der Kulturflächenvorbereitung im März und rechts vor der Kulturpflege im Juni).

Abb. 77. Das Auskesseln ist bewuchsabhängig schwierig und zeitaufwändig.

Abb. 78. Der Gassenschnitt wird bei Reihenabständen über 2,0 m gewählt.

Abb. 79. Der Flächenschnitt ist sehr zeitaufwändig und daher teuer.

Bei beiden Varianten bleibt ein Teil der nicht störenden Begleitflora stehen. Dies hat den Vorteil:

- dass der Boden nicht austrocknet,
- der Lebensraum für Wild und Kleinlebewesen erhalten bleibt,
- die Artenvielfalt der Begleitflora gesichert wird,
- Äsungsmöglichkeiten für das Wild geboten sind und
- der Arbeitsaufwand nicht so hoch ist wie im Falle eines kompletten Freischneidens der Fläche.

Es besteht allerdings die Gefahr, dass die Kultur von der Begleitflora überwachsen wird, wenn man die Maßnahme nicht rechtzeitig durchführt.

Wurde bei der Pflanzung ein enger Pflanzverband gewählt – der Reihenabstand ist unter 1,5 m und der Pflanzabstand in der Reihe liegt unter 2,0 m), wird in der Regel die ganze Pflanzfläche gepflegt. Das heißt: Die gesamte Begleitflora wird entfernt. Diese Bearbeitung der Kulturfläche mit dem sogenannten Flächenschnitt (Abb. 79) ist zwar sehr intensiv, hat aber den Vorteil, dass durch die Entfernung der Begleitflora keine Gefahr für die Forstpflanzen besteht.

Nachteile hierbei sind allerdings, dass

- der Boden schneller austrocknet,
- der Lebensraum für Wild und Kleinlebewesen zerstört wird,
- die Artenvielfalt abnimmt,
- Äsungsmöglichkeiten für das Wild fehlen und
- Bienenweiden wegfallen (Frühblüher).

5.2 Arbeiten mit Freischneider, Kultursense und Zweihandheppe

Für das Ausmähen der Pflanzfläche bieten sich der Freischneider, die Kultursense oder eine Zweihandheppe an. Die Kultursense wird beispielsweise bei Springkraut, Adlerfarn, einjähriger Brombeere und nicht verholzten Sträuchern bis etwa 1,0 cm Durchmesser eingesetzt. Der Vorteil bei der Kultursense ist, dass man die überwachsenen Pflanzen zielgerecht suchen kann. Man kann sich langsam an die Pflanze heranarbeiten, ohne dass man sie versehentlich abmäht (Abb. 80).

Wenn Sie die Pflanze freimähen, gehen Sie immer mit dem Kultursensenrücken an die Pflanze und mähen dann von der Pflanze weg (Abb. 81).

Mit der Zweihandheppe können Sie gleich arbeiten wie mit der Kultursense. Dank ihren zwei Schneiden und der stabilen Ausführung können Sie Sträucher bis etwa 2,0 cm Durchmesser abschlagen. Der größte Vorteil von Kultursense und Zweihandheppe ist, dass Sie keine Lärm- und Abgasbelastung haben.

Beim Arbeiten mit dem Freischneider ist es sehr wichtig, dass Sie die Pflanzen ganz deutlich sehen (Abb. 82).

Ein vorsichtiges Herantasten ist hier sehr schwierig, weil das Werkzeug mit hoher Geschwindigkeit arbeitet. Daher sollten Sie wie in Abb. 83 und 84 dargestellt vorgehen: Mähen Sie mit dem Freischneider zuerst auf der linken Seite der Pflanzreihe die Pflanze frei (Abb. 84, Schritt ①). Halten Sie dabei einen ausreichenden Abstand zur Pflanzreihe, damit Sie keine Pflanze abmähen. Wenn Sie mit dem

Abb. 80. Mit der Kultursense arbeitet man sich an die Pflanze heran.

Abb. 81. Mit dem Sensenrücken wird von der Pflanze weggemäht.

Abb. 82. Beim Freischneiden müssen die Pflanzen gut sichtbar sein.

Abb. 83. Von links beginnend werden die Pflanzen gegen den Uhrzeigersinn freigestellt.

Abb. 84. Reihenfolge der Arbeitsgänge beim Ausmähen.

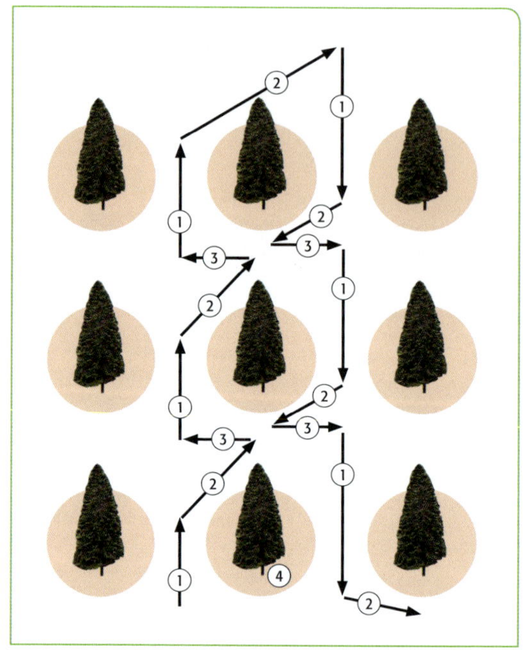

Schleuderschutz des Freischneiders hinter der Pflanze sind, mähen Sie nach rechts (Abb. 84, Schritt ②) bis über die Mitte der Pflanzreihe hinaus und dann wieder zurück auf die linke Seite der Pflanzreihe (Abb. 84, Schritt ③). Dabei dient der Schleuderschutz als Schutz für die Pflanze vor dem Abmähen. Es wird dabei nur die Pflanze auf der oberen Seite freigemäht. Dies wird solange fortgeführt, bis Sie am Ende der Pflanzreihe sind. Nun gehen Sie die Reihe zurück und mähen die andere Seite im gleichen System frei. Dabei bleibt um die Pflanze ein Rest stehen, dieser kann bei Bedarf in einem zweiten Arbeitsgang mit der Kultursense entfernt werden (Abb. 84, Schritt ④). Sinnvoll ist es, wenn Sie sich mit verschiedenen Schneidewerkzeugen ausrüsten, damit Sie für jeden Einsatz das passende Werkzeug haben. Das Dickichtmesser ist für Gras, Wildwuchs und Gestrüpp ausgelegt. Das Häckselmesser ist ideal zum Entfernen von Brombeeren und dünnen Sträuchern.

Gefahr durch Sonne und Insekten

Eine große Gefahr bei der Kulturpflege ist die starke Sonneneinstrahlung (Sonnenbrand, Sonnenstich), die schlechte Begehbarkeit der Kulturfläche (stolpern, stürzen, ausrutschen), Insektenstiche (Wespen) und Zeckenbisse (FSME, Borreliose). Deshalb sollten Sie als Vorsichtsmaßnahme einen Verbandskasten, Sonnenschutzmittel, Kühlpack und ein Mobiltelefon dabei haben.

6 Freischneider als Allrounder

Der Freischneider bietet eine Vielzahl von Einsatzmöglichkeiten, etwa in der Landschaftspflege, in der Kulturflächenvorbereitung oder für Pflegearbeiten im Jungbestand oder in der Kultur. Allerdings muss der Freischneider für die jeweiligen Arbeiten geeignet sein und die Vorschriften der Unfallverhütung sind zu beachten. Und natürlich gehört das Tragen einer persönlichen Schutzausrüstung dazu.

6.1 Gerät und Einsatzzweck müssen zusammenpassen

Beim Neukauf sollten Sie sich überlegen, wo der Freischneider eingesetzt wird. Die Freischneider werden laut Herstellerangaben in bis zu fünf Gruppen eingeteilt. Benzin-Motorsensen für Privatpersonen zum Rasentrimmen: Diese Geräte sind gedacht für das Mähen kleinerer Grünflächen und Schneiden von Rasenkanten. Es gibt sie mit geradem oder gebogenem Schaft, mit einem Gewicht von 4,2 bis 5,6 kg (ohne Kraftstoff und Schneidewerkzeug) und einer Leistung von 0,9 bis 1,3 PS.

Universal- oder robuste Motorsensen für die Wiesen- und Landschaftspflege (Halbprofibereich): Sie sind geeignet für das Mähen von größeren Wiesenflächen, das Ausschneiden von Kulturen und Beseitigen von festem Dickicht und Buschwerk. Das Gerätegewicht liegt zwischen 5,8 und 7,9 kg (ohne Kraftstoff und Schneidewerkzeug), die Leistung beträgt 1,3 bis 2,7 PS.

Profi-Freischneider für den Einsatz in der Forstwirtschaft, der Landschaftspflege und in der Straßenmeisterei: Ihr Einsatzbereich

Abb. 85. Je nach Haupteinsatzgebiet gibt es zwei Lenkertypen zur Auswahl: den ergonomisch ausgeformten Mähllenker (links) und den etwas starreren Universallenker (rechts).

Abb. 86. Ein 4-Mix-Motor kombiniert die Vorteile von Zwei- und Viertakter.

Abb. 87. Alles im Griff: Der Ein-/Ausschalter und die Gashebelsperre sind wichtige Sicherheitseinrichtungen.

sind großflächige Mäharbeiten, das Entfernen von Gestrüpp und Wildwuchs sowie das Arbeiten mit dem Häckselmesser und dem Kreissägenblatt. Das Gewicht beträgt 7,2 bis 10,2 kg (ohne Kraftstoff und Schneidewerkzeug), die Leistung 1,9 bis 3,8 PS.

Elektro-Motorsensen: Sie sind geeignet für die Einsätze rund um Haus und Garten und in lärmsensiblen Gebieten. Die Geräte wiegen von 2,2 bis 4,7 kg, die Leistungsaufnahme reicht von 245 bis 1000 W. Sie brauchen einen Stromanschluss von 230 V.

Akku-Motorsensen sind für Einsätze rund ums Haus, für Hobbygärtner und Landschaftspfleger in lärmsensiblen Gebieten gedacht.

Je nach Einsatzgebiet wählen Sie beim Kauf eines neuen Freischneiders den für Sie passenden Griff aus. Es werden beim Freischneider zwei verschiedene Griffe angeboten, ein ergonomischer Mählenker und ein Universallenker (Abb. 85).

Diese Zweihandgriffe können ohne Werkzeug eingestellt werden. Die Motorsensen und Freischneider besitzen häufig den Ergo Start oder Smart Start (Leichtstartsystem), das Antivibrationssystem ist je nach Typ mit einem bis vier Antivibrationselementen (Gummi oder Federn) ausgestattet, sie haben einen Multifunktionsgriff mit Ein-Ausschalter und zum Gas geben mit Zeigefinger oder Daumen, die

Motoren werden in der Regel als X-Torc oder Zwei-Mix-Motoren angeboten. Wie bei den Motorsägen werden verschiedene Freischneider mit elektronischen Motormanagement (M-Tronic) angeboten.

Beim Neukauf sollten Sie sich überlegen, ob ein Freischneider mit Viertaktmotor für Sie in Frage kommt (Abb. 86). Die Hersteller bieten diese Freischneider mit einer Leistung von 1,1 bis 2,0 PS an. Solche Motoren werden ganz normal mit einem Benzin-Öl-Gemisch (Alternativtreibstoff) betankt und kombinieren die Vorteile aus Zwei- beziehungsweise Viertaktmotor. Sie haben eine enorme Durchzugskraft, ein höheres Drehmoment und weniger Abgase (erfüllt EU Abgasrichtline 2).

Als Sicherheitseinrichtungen sollte der Freischneider einen Ein-/Ausschalter, eine Gashebelsperre (Abb. 87), ein Anti-Vibrations-System, einen Schleuderschutz je nach Schneidewerkzeug (Abb. 88, 89, 90) und einen Transportschutz aufweisen. Ganz wichtig ist auch ein ergonomischer Doppelschultergurt mit Schnellöffnung (Abb. 96).

6.2 Das richtige Werkzeug

Für den Freischneider gibt es verschiedene Schneidwerkzeuge. Achten Sie aus Sicherheitsgründen darauf, dass der zum Schneidwerkzeug passende Schutz montiert ist.

Das Dickichtmesser (Abb. 88) ist geeignet zum Beseitigen von zähem, verfilztem Gras, Wildwuchs und Gestrüpp. Dünnere und nicht verholzte Sträucher mit kleinerem Durchmesser lassen sich auch noch entfernen.

Das Häckselmesser (Abb. 89) ist besonders dafür geeignet, dünnere Sträucher, Bäume und starken Brombeerbewuchs zu entfernen. Das Mähgut wird dabei zerhäckselt.

Mit dem Kreissägenblatt (Abb. 90) lassen sich auch dünnere Baumstämme bis etwa 7,0 cm Durchmesser fällen, zum Beispiel bei der Stammzahlreduzierung in einer Fichtennaturverjüngung.

Hier geht es darum, einzelne Stämme zu Fall zu bringen. Alles andere ist Sache der Motorsäge. Dabei kommt es auf die richtige Arbeitstechnik an. Der Vorteil gegenüber der Motorsäge ist die aufrechte Haltung des Bedieners. Sollten nun auch stärkere Stämme zur Entnahme anstehen, muss ein Fallkerb angelegt werden (Abb. 91). Dabei ist der erste Schnitt waagerecht und der zweite Schnitt schräg von unten. Wenn sich beide Schnitte treffen, haben Sie einen Fallkerb wie bei der Fälltechnik. Nun führen Sie den Fällschnitt von hinten aus und der Baum fällt in die gewünschte Richtung.

Abb. 88. Das Dickichtmesser ist für zähes Gras und verfilzten Wildwuchs gut geeignet.

Abb. 89. Ein Häckselmesser dient zur Kulturvorbereitung und -sicherung.

Abb. 90. Kreissägenblatt mit Anschlag; damit lassen sich Stämme bis 7,0 cm Stärke durchtrennen.

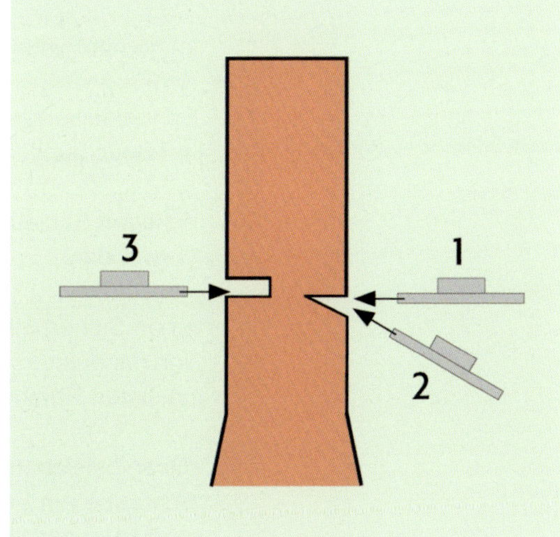

Abb. 91. Der Fallkerb wird in zwei Schnitten (1) und (2) ausgeformt. Danach die Arbeitsposition wechseln und den Fällschnitt (3) führen.

6.3 Schutzausrüstung und Arbeitssicherheit

Bei Arbeiten mit dem Freischneider dürfen Sie auf die persönliche Schutzausrüstung auf keinen Fall verzichten. Dazu gehören:

- Helm mit Gehörschutz und Gesichtsschutz oder Gehör- und Gesichtsschutzkombination, die es auch mit integrierter Brille gibt (Abb 92).
- Handschuhe,
- Sicherheitsschuhe mit Stahlkappe sowie eine Prallschutzhose (Abb. 93). Zum Beispiel schützt die Prallschutzhose der Firma Pfanner durch extrem reißfestes Kevlar im vorderen Bereich und an der Wade vor Dornen und Nässe. Damit Sie auch vor herumschleudernden Ästen oder Steinen geschützt sind, befindet sich auf der Innenseite im vorderen Bereich und an der Wade das Klima-Air-Gewebe.

Unfallverhütungsvorschriften

Bei der Arbeit mit dem Freischneider verlangt die Unfallverhütungsvorschrift (UVV):

keine Alleinarbeit;

Schneidewerkzeug täglich auf Beschädigungen prüfen;

richtigen Schleuderschutz verwenden;

einen Sicherheitsabstand von mindestens 15 m zur nächsten Person einhalten;

die selbstsichernde Schraube am Schneidewerkzeug nach mehrmaligem Öffnen austauschen;

das Schneidewerkzeug sollte immer gut geschärft sein;

auf der Antriebswelle befindet sich ein Aufkleber mit den wichtigsten Sicherheitsbestimmungen beim Einsatz mit dem Freischneider (Abb. 94);

Dickichtmesser mit Universalschutz, Häckselmesser mit passendem Schutz und Kreissägenblatt mit Anschlag.

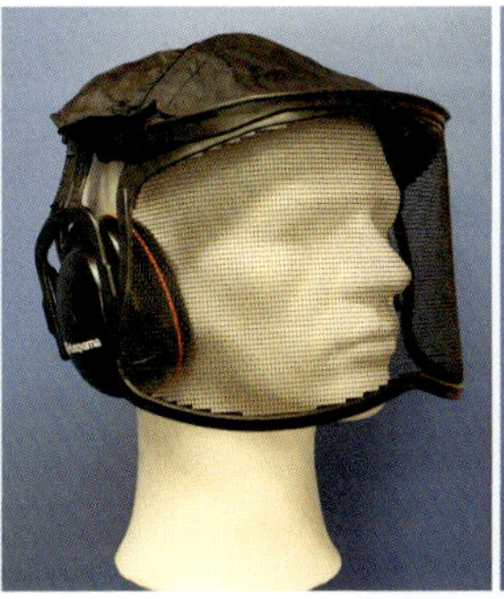
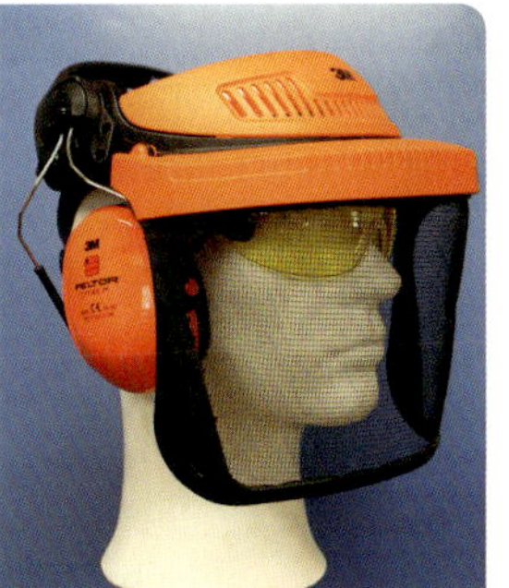

Abb. 92. Das Angebot an Helm- beziehungsweise Gehör- und Gesichtsschutzkombination ist groß (v. l. Stihl, Husqvarna und 3M.

Abb. 93. Die Prallschutzhose sollte im vorderen (l.) und im hinteren Bereich (r.) schützen.

Abb. 94. Aufkleber am Freischneider weisen auf die Wichtigkeit der Sicherheitsausrüstung hin. Kopf- und Beinschutz haben dabei oberste Priorität.

6.4 Das Gurtsystem richtig einstellen

Bevor Sie mit der Arbeit beginnen, müssen Sie den Doppelschultergurt so einstellen, dass das Gewicht des Freischneiders gleichmäßig auf drei Punkte verteilt wird. Die Geräteaufhängung sollte eine Handbreit unter dem Hüftknochen sein. Den Handgriff stellen Sie in Höhe und Reichweite so ein, dass Sie ihn bequem halten können, das heißt, etwa 120 Grad. Achten Sie darauf, dass sich die Schneideeinrichtung zirka zehn Zentimeter über dem Boden einpendelt. Dies wird durch eine Einhängeleiste am Freischneider eingestellt (Abb. 95).

Den Doppelschultergurt (Abb. 96) gibt es je nach Hersteller in verschiedenen Ausführungen. Er soll das Gewicht des Freischneiders durch die breite Rückenstütze, Schulterriemen und Hüftgurt und seine verschiedenen Einstellmöglichkeiten gleichmäßig auf beiden Schultern verteilen. Damit ein perfekter Sitz gewährleistet ist, ist es ganz wichtig, dass sich der Doppelschultergurt auf die Größe des Benutzers einstellen lässt. Schnellverschlüsse hierfür sowie zum Ablegen und Einhängen des Freischneiders sind eine sinnvolle und notwendige Ausstattung.

Abb. 95. So ist es richtig: Die Aufhängung erfolgt eine Handbreit unter dem Hüftknochen, Arme und Handgriff bilden einen Winkel von 120 Grad.

Abb. 96. Das Tragesystem soll das Gerätegewicht gut verteilen und mit Schnellverschlüssen ausgestattet sein; von link Stihl Forstgurt Advance Plus, Stihl Comfort und Husqvarna Balance XT.

6.5 Wartung muss sein

Um die Einsatzbereitschaft und den Werterhalt des Freischneiders sicherzustellen, müssen entsprechende Wartungsarbeiten durchgeführt werden. Zur täglichen Wartung gehört, den Luftfilter zu reinigen (Abb. 97). Das Stihl Langzeitluftfiltersystem beispielsweise sorgt dabei für längere Reinigungsintervalle.

Prüfen Sie das Schneidewerkzeug (Dickichtmesser, Häckselmesser, Kreissägenblatt) anhand einer Klangprobe auf Beschädigungen (Abb. 98) und schärfen Sie das Dickichtmesser und das Häckselmesser gegebenenfalls mit einer Flachfeile nach (Abb. 99).

Außerdem sollten Sie eine Funktionsprüfung der Gashebelsperre durchführen, das Antivibrationssystem auf Funktion prüfen und alle Kühlluft-Ausgangsschlitze reinigen.

Zusätzlich zu diesen Arbeiten führen Sie folgende Wartungsarbeiten einmal wöchentlich aus: Grundinstandsetzung des Schneidwerkzeuges, speziell von Dickicht- und Häckselmesser (Abb. 100).

Wenn Sie mit dem Kreissägeblatt arbeiten, müssen Sie die Zähne wie bei der Motorsäge schärfen. Dafür brauchen Sie eine 5,5 mm-Feile mit Feillehre. Der Schärfwinkel beträgt dabei 15 Grad (Abb. 101).

Abb. 97. Viel Luft: Die Ansaugfilter müssen immer frei sein. Die Abbildung zeigt verschiedene Bauarten.

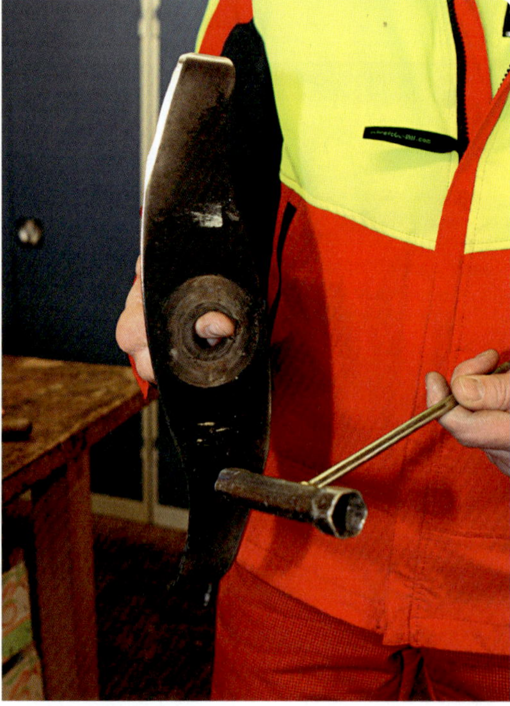

Abb. 98. Klangprobe: Beschädigungen am Messer lassen sich hörbar machen.

Abb. 99. Mit der Flachfeile wird die Schneide nachgearbeitet und geschärft.

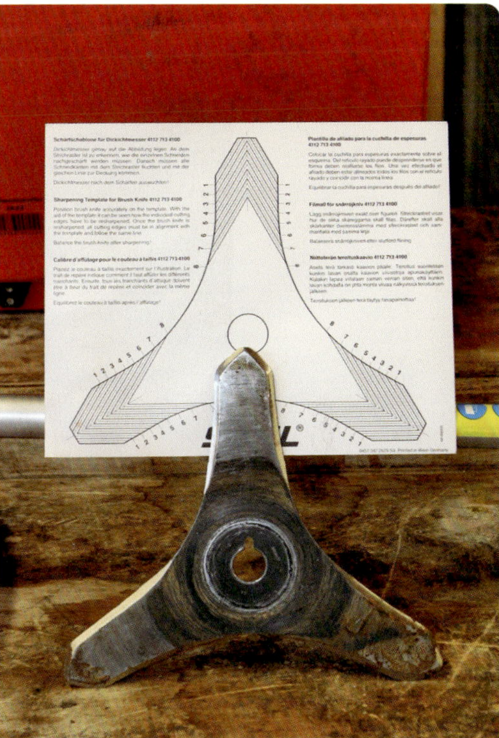

Abb. 100. Zur Grundinstandsetzung gehören die Wuchtigkeit und das Schärfen mit einer Schärfschablone.

Abb. 101. Das Sägeblatt wird mit der 5,5 mm-Feile im 15 Grad-Winkel geschärft.

Abb. 102. Mit dem Schränkeisen bekommen die Zähne die passende Winkelung.

Abb. 103. Das Schmieren des Winkelgetriebes gehört zu den wichtigen Wartungsarbeiten.

Nach dem Schärfen nehmen Sie das Schränkeisen (Abb. 102) und schränken das Kreissägeblatt neu.

Je nach Winkelgetriebetyp dürfen Sie das Fetten nicht vergessen (Abb. 103). Die selbstsichernden Schrauben am Schneidewerkzeug müssen nach mehrmaligem Öffnen ausgetauscht werden. Wenn sich die Schraube ohne Wiederstand mit den Fingern herunterdrehen lässt, ist der Kunststoffring in der selbstsichernden Mutter verschlissen. Jetzt sollte man sich spätestens eine neue selbstsichernde Mutter kaufen.

Bei Reparatur oder Austausch des Schneidwerkzeuges sollten Sie nur Originalteile verwenden, die auf die Maschine abgestimmt sind. Die Hersteller verweisen in der Betriebsanleitung auf Besonderheiten bei Wartung und Pflege, die Sie beachten sollten.

7 Die Bestandespflege

Ziel der Bestandespflege ist es, hochwertiges und astfreies Stammholz zu produzieren. Die standortgerechten Baumarten sollen bevorzugt und die angestrebten Mischungsformen beibehalten werden. Dabei darf der dienende Unterstand nicht verloren gehen. Es müssen die Baumarten gefördert werden, die in der Jugend im Wachstum unterlegen oder sehr lichtbedürftig sind und Baumarten, die unter den Minderheitenschutz fallen. Alle diese Pflegemaßnahmen dienen dazu, die Stabilität, den Zuwachs und die Wertleistung des Bestandes zu erhöhen.

7.1 Planung der Bestandespflege

Doch welche Pflegeeingriffe sollen in welchen Zeitabständen durchgeführt werden? Das fragt man sich als Privatwaldbesitzer oft. Da die Bestände nicht alle gleichmäßig schnell wachsen, hat man das Alter als Eingriffszeitpunkt durch die Oberhöhe der Bestände ersetzt. Dadurch ist es für den Privatwaldbesitzer einfacher geworden, solche Pflegemaßnahmen durchzuführen. Er orientiert sich in seinem Wald an der Oberhöhe und führt die passende Pflegemaßnahme durch.

Die Bestandespflege geht bis zu einer Oberhöhe von 15 bis 17 m (Qualifizierungsphase), danach beginnt die Auslesedurchforstung (Dimensionierungsphase). Hierbei fällt das erste verwertbare Holz an.

In der Durchforstung werden die Ziele der Bestandespflege bis ins Endbestandesalter fortgeführt, damit genügend standortgerechte Samenbäume für die nächste Generation vorhanden sind.

7.1.1 Gefahren für den Jungbestand

Wenn man die Jungbestände, egal ob Nadelholz oder Laubholz, nach der Mischwuchsregulierung vergisst, können die unerwünschten Mischbaumarten nochmals die Oberhand gewinnen und das Bestandesziel gefährden. Deshalb dürfen Sie diese Flächen nicht aus den Augen verlieren und müssen gegebenenfalls nochmals eine Mischwuchsregulierung durchführen, falls das Pflegeziel gefährdet ist.

Liegt der Jungbestand in der Nassschneezone (400 bis 800 m über Meereshöhe), kann im Herbst oft schon der erste Schnee fallen. Beim Laubholz bedeutet dies, dass das Laub noch nicht abgefallen ist und der Schnee die Bäume umdrückt.

Nadelholz, speziell Douglasie und Lärche, sind bei einer Oberhöhe von 3,0 bis 5,0 m durch Nassschnee besonders gefährdet, da das Wurzelwachstum dem Höhenwachstum nicht hinterher kommt. Dadurch wird das Kronengewicht deutlich erhöht und die Bäume werden gegebenenfalls angeschoben, umgedrückt oder die Kronen brechen ab.

Passiert dies bei Fichtenjungbeständen, sind diese im darauffolgenden Jahr besonders anfällig für Kupferstecherbefall. Kontrollieren Sie deshalb die Jungbestände nach vorzeitigen Wintereinbrüchen und sägen Sie solche Bäume wenn erforderlich heraus (Abb. 104).

7.1.2 Erfassen des Ist-Zustands

Bevor Sie mit der Bestandespflege beziehungsweise Jungbestandespflege beginnen, müssen Sie sich zuerst einen Überblick über den zur Pflege anstehenden Bestand machen. Gehen Sie daher zuerst die Pflegefläche ab. Dabei ist für die Planung wichtig, wie groß die Fläche ist (Umfang der Arbeit/Stunden). Im nächsten Schritt werden die Baumarten auf der Fläche erfasst, bestimmt und nach ihrem Lichtbedarf und ihrer Wurzelform eingeordnet.

7.1.3 Kriterium Lichtbedarf

Nachfolgend werden die wichtigsten Baumarten nach ihrem Lichtbedarf aufgeführt:

- Lichtbaumarten sind Pappel, Birke, Lärche, Kiefer, Kirsche, Schwarz Erle, Stieleiche, Aspe.
- Halblichtbaumarten sind Schwarz Kiefer, Esche, Traubeneiche, Roteiche, Walnuss.
- Halblicht- beziehungsweise Halbschattbaumarten sind Elsbeere, Spitzahorn, Feldahorn, Sommerlinde, Eberesche.
- Halbschattbaumarten sind Hainbuche, Bergulme, Bergahorn, Winterlinde, Fichte, Douglasie.
- Schattbaumarten sind Buche, Tanne und Eibe.

Abb. 104. Buchenjungbestand nach Schneedruck im Herbst 2012 wird im Frühjahr rechtzeitig umgesägt. Nach der Pflegemaßnahme sind alle angeschobenen Bäume auf dem Boden.

7.1.4 Kriterium Wurzelform

Nachfolgend werden die wichtigsten Baumarten und ihre Wurzelform aufgeführt:

- Eine Pfahlwurzel haben Weißtanne, Kiefer, Eiche.
- Eine Herzwurzel haben Lärche, Douglasie, Birke, Bergahorn, Linde, Hainbuche.
- Eine Flachwurzel oder Tellerwurzel haben Fichte, Esche und Aspe.

7.1.5 Kriterium Bestandesstruktur

Unterscheiden Sie jetzt zwischen Baumarten, die von Ihnen gepflanzt wurden oder Baumarten, die durch Naturverjüngung auf die Fläche gekommen sind. Bei der Naturverjüngung stellt sich die Frage, ob sie standortgerecht ist oder nicht. Den standortgerechten Baumarten sollten Sie den Vorzug geben.

Beim Durchlaufen des Bestandes sieht man auch, wie die Baumartenmischung (Kapitel 1) und der Grundriss des Bestandes sind. Bei der Baumartenmischung unterscheidet man zwischen Einzel-, Trupp-, Gruppen-, Horst-, kleinbestandesweiser Mischung oder Pflanzung oder Naturverjüngung.

Bei verschiedenen Baumarten (Eiche) ist wichtig, dass der Bestand aus einer Oberschicht (herrschenden), Mittelschicht (mitherrschenden) und einem Unterstand (dienenden) besteht. Die Mittelschicht dient in der Regel als Ersatz, wenn ein Baum aus der Oberschicht ausfällt. Der Unterstand dient zur Schaftpflege, Windruhe und schützt vor Austrocknung des Bodens durch Wind.

Berücksichtigen Sie auch bei der Zustandserfassung eventuelle Sonderbiotope und achten Sie auf den Minderheitenschutz.

7.1.6 Kriterium Schlussgrad

Ein weiteres Beurteilungskriterium ist der sogenannte Schlussgrad. Hierbei wird beurteilt, wie die Kronen benachbarter Bäume zueinander stehen. Man spricht von:

- Gedrängt: Die Kronen der Bäume greifen ineinander.
- Geschlossen: Die Kronen der Bäume berühren sich.
- Locker: Zwischen den Kronen der Bäume ist ein Abstand von einer halben Kronenbreite.
- Licht: Zwischen den Kronen der Bäume ist ein Abstand von einer Kronenbreite.
- Räumig: Zwischen den Kronen der Bäume ist ein Abstand von zwei Kronenbreiten.

Der Schlussgrad ist bei der Bestandespflege ab der Auswahl von Zukunftsbäumen (Z-Baumauswahl) wichtig, denn nach der Pflegemaßnahme sollen die Bäume genügend Platz zum Wachsen haben. Die Pflegeeingriffe erfolgen je nach Baumart in der Regel alle fünf bis zehn Jahre.

Die Krone des Baumes ist für den Zuwachs und die Stabilität verantwortlich, daher soll die Krone im Laubholz etwa 50 % und im Nadelholz 30 bis 50 % der Baumlänge betragen. Baum, Wurzel und Krone bekommen nach jeder Pflegemaßnahme mehr Standraum und Licht. Durch den Pflegeeingriff können sich die Kronen ungehindert vergrößern und das Dickenwachstum wird beschleunigt.

7.1.7 Kriterium Baumabstand

Nun sollten Sie den durchschnittlichen Abstand der Bäume zueinander ermitteln, damit Sie ungefähr feststellen können, wie viele Bäume auf einem Hektar stehen. Wird zum Beispiel ein Abstand von 2,0 × 2,0 m ermittelt, hat jeder Baum 4,0 m² Standraum und es stehen rund 2500 Bäume auf einem Hektar. Damit können Sie je nach Oberhöhe und Baumart die Eingriffsstärke ermitteln und Arbeitszeit und Kosten der Pflegemaßnahme überschlägig kalkulieren (siehe auch Kapitel 10 und 11).

7.1.8 Kriterium Stabilität

Durch das Abschätzen der Oberhöhe an den 100 höchsten Bäumen und ihres Brusthöhendurchmesser (gemessen auf 1,3 m in cm) im Bestand können Sie die Stabilität des Bestandes berechnen. Die Stabilität wird durch Teilen der in cm geschätzten Oberhöhe durch den Brusthöhendurchmesser ermittelt.

Dazu ein Beispiel:

$$\frac{\text{Oberhöhe}}{\text{Brusthöhendurchmesser}} = \text{x} \qquad \frac{1600\ (\text{cm})}{16\ (\text{cm})} = 100$$

Im Laubholz gilt der Wert 100 und im Nadelholz gilt der Wert 80 als stabil. Weicht der ermittelte Wert von diesem ab, kann über die Bestandpflege regulierend eingegriffen werden.

7.2 Pflegebeginn und Pflegeprinzip

Mit der Pflege im Laubholz wird erst begonnen, wenn durch den Engstand die angestrebte astfreie Stammlänge von zirka 8,0 bis 10,0 m erreicht wird. Im Laubholz ist deshalb darauf zu achten, dass die natürliche Astreinigung durch einen Pflegeeingriff nicht unterbrochen wird. Im Nadelholz beginnt die Pflege früher, um eine ausreichend große, grüne Krone und Stabilität zu erzielen.

Bei der Bestandespflege spricht man auch von einer negativen Auslese, das heißt, es werden die schlecht veranlagten und beschädigten Bäume bei dieser Pflegemaßnahme entfernt.

Von einem Bedränger spricht man in der Bestandespflege, wenn dieser 70 % des Durchmessers und der Höhe eines Z-Baumes erreicht hat.

Bei der Bedrängerentnahme im Laubholz am Hang gilt der Grundsatz: Der Bedränger an der Oberseite muss entnommen werden, der auf der Seite soll entnommen werden und der auf der Unterseite kann entnommen werden.

Die Hauptentnahme erfolgt bei der Bestandespflege immer zuerst am Z-Baum. Im Zwischenbereich wird nur eingegriffen, wenn dies notwendig ist. Dieser Zwischenbereich wird bei jeder Bestandespflege immer kleiner, bis nur noch die Z-Bäume übrig sind.

Wenn Sie die zu entnehmenden Bäume mit Papierband oder Farbdose kennzeichnen, erleichtert dies die Arbeit mit der Motorsäge.

Beginnen Sie mit der Arbeit so, dass Sie immer in den vorgelichteten Bestand fällen können. Bei Laubholz arbeitet man sich am Hang immer von unten nach oben und beim Nadelholz von oben nach unten.

Der ermittelte Brusthöhendurchmesser gibt Ihnen an, welche Schnitttechniken Sie bei der Bestandespflege anwenden und welche Arbeitsmittel benötigt werden. Die Schnitttechniken der Bestandespflege sind in Beständen bis zirka 12,0 cm Brusthöhendurchmesser (siehe Kapitel 9) erlaubt. Wird der Brusthöhendurchmesser größer, wendet man die Schwachholztechnik an (siehe Kapitel 9).

Die Bestandespflege wird also in der Regel mit einer kleinen, leichten Motorsäge durchgeführt. Nur in Ausnahmefällen kommt der Freischneider mit dem Kreissägeblatt zum Einsatz. Dieser wird in der Regel bis zu einem Durchmesser von zirka 7,0 cm und einer Oberhöhe von etwa 2,0 m bei dem sogenannten Fichtenbürstenwuchs eingesetzt.

Solche Pflegeeingriffe sollten Sie außerhalb der Brutzeit der Vögel durchführen. Aus Forstschutzgründen (Kupferstecherbefall) sollte die Pflege in Nadelholzbeständen nicht von April bis August durchgeführt werden.

7.3 Maßnahmen der Bestandespflege

Schlagpflege und Mischwuchsregulierung finden im Nadelholz und im Laubholz statt. Hier werden keine Unterschiede bei der Pflege gemacht. Wichtig ist nur, dass die Schlagpflege unter Schirm stattfindet, das heißt, das Altholz steht noch als Schutz. Bei der Mischwuchsregulierung steht kein Altholz mehr als Schirm.

7.3.1 Schlagpflege

Ganz wichtig nach der Holzernte in Beständen mit Naturverjüngung ist die Schlagpflege. Nach dem Fällen und Rücken des geschlagenen Holzes entstehen an der Naturverjüngung Schäden. Um die Naturverjüngung später als neuen Bestand nützen zu können und so die Kosten einer Neuanpflanzung zu reduzieren, sollten Sie eine Schlagpflege durchführen. Dabei werden angeschobene, umgedrückte, abgebrochene und stark beschädigte Bäume mit der Motorsäge umgesägt. Kleinere Gipfelbrüche verwachsen sich in der Regel wieder. Große Kronen, die in der Hiebsfläche liegen und die Naturverjüngung behindern, werden mit der Motorsäge kleingesägt (Abb. 105 bis 107).

Abb. 105. Nach der Holzernte werden beschädigte und umgedrückte Bäume markiert.

Abb. 106. Per Motorsäge werden diese beseitigt und kleingeschnitten.

Abb: 107. Nach der Schlagpflege ist der Weg für die Naturverjüngung frei.

7.3.2 Mischwuchsregulierung

Die nächste Pflegemaßnahme findet in der Dickung statt; diese hat eine Oberhöhe von 2,0 bis 5,0 m. In dieser Phase steht jetzt ab einer idealen Oberhöhe von rund 2,0 m bei Bedarf die Mischwuchsregulierung an. Diese Maßnahme wird nur durchgeführt, wenn das Mischungsziel des Bestandes gefährdet ist. Ein weiteres Ziel ist im Laubholz die Qualitätserziehung und im Nadelholz die Stabilitätserziehung. Ist eine Pflege notwendig, sollte man diese bei einer Oberhöhe von etwa 2,0 m durchführen. In diesem Wuchsstadium ist die Fläche noch einigermaßen übersichtlich und der Zeitaufwand überschaubar. Je höher der Bestand ist, desto unübersichtlicher wird die Fläche und desto mehr Zeit wird benötigt. Der ideale Zeitpunkt (Oberhöhe 2,0 m) wird jedoch in der Praxis oft verpasst, da nach Sturm, Käferholzbefall viele Flächen gleichzeitig zur Pflege anstehen. Daher kommt man häufig erst bei einer Oberhöhe von 3,0 bis 5,0 m zur Pflege der Dickung.

Je früher man die Mischwuchsregulierung durchführt, desto größer ist die Chance, dass die Mischbaumarten und die wuchsunterlegenen Baumarten noch vorhanden sind. Da jede Baumart in der Jugend eine andere Wuchsdynamik hat, kommt es häufig vor, dass schnellwachsende Baumarten, die oft nicht standortgerecht sind, die langsam wachsenden Baumarten überwachsen beziehungsweise diese verdrängen. Dabei kann es soweit kommen, dass beispielsweise eine standortgerechte Eichenkultur von einer nicht standortgerechten Baumart überwachsen oder verdrängt wird. Wenn Sie dies frühzeitig feststellen, können Sie mit der Mischwuchsregulierung korrigieren (Abb. 108). Das heißt: Alles was die Eichenkultur in ihrer Entwicklung gefährdet, wird konsequent herausgesägt.

Abb. 108. Bei der Mischwuchsregulierung können gezielt Baumarten, wie hier eine standortgerechte Eiche, freigesägt werden.

In Nadelholzbeständen, die aus Pflanzung oder Naturverjüngung entstanden sind, besteht häufig die Gefahr, dass die Mischbaumarten (Laubholz, Tanne) überwachsen und verdrängt werden, da diese in der Jugend gegenüber der Fichte wuchsunterlegen sind. Daher ist es wichtig, diese in der Mischwuchsregulierung früh genug und flächig auszuformen. Je größer die Baumart als Gruppe ausgeformt ist, desto größer ist die Wahrscheinlichkeit, dass sie im Endbestand noch vorhanden ist.

Wenn es der Standort verlangt, kann man auch bei der Mischwuchsregulierung einzelne vitale und standortgerechte Baumarten herauspflegen, zum Beispiel Tannen, Kiefern und Eichen. Des Weiteren kann man auch seltene, vitale, konkurrenzfähige und wertvolle Mischbaumarten erhalten, die dann Minderheitenschutz haben. Das können etwa Kirsche, Walnuss, Wildobst, Speierling, Elsbeere und andere sein.

Die vorkommenden Weichlaubbäume, beispielsweise die Salweide, werden grundsätzlich bei der Mischwuchsregulierung belassen, solange sie das Betriebsziel nicht gefährden. Denn die Konkurrenzkraft gegenüber den Hauptbaumarten lässt schnell nach.

Die Mischwuchsregulierung wird in der Regel bei Buche, Eiche, Buntlaubholz und Tanne durchgeführt.

7.4 Bestandespflege nach der Mischwuchsregulierung im Nadelholz

Je nachdem, wie ein Bestand entstanden ist – entweder aus Pflanzung oder Naturverjüngung – fallen unterschiedliche Pflegemaßnahmen an. In Nadelholzbeständen muss zwischen differenzierter Naturverjüngung (zum Beispiel Fichten mit unterschiedlicher Höhe) und undifferenzierter Naturverjüngung (zum Beispiel Fichten mit gleicher Höhe) unterschieden werden.

7.4.1 Arbeiten im Nadelholz ab 2,0 m

Im Nadelholz liegt der Blickwinkel bei der Erziehung der Bestände auf Stabilität und auf einer möglichst großen Krone. Deshalb gilt es, frühzeitig die Weichen zu stellen. Bei einer undifferenzierten Naturverjüngung muss auf einer Fläche von 1,0 ha eine Reduktion auf 1000 bis 1500 Fichten erfolgen, bei differenzierter Naturverjüngung auf maximal 250 Fichten. Dabei wird um jede Fichte ein Radius von 2,5 m freigesägt. Bei der Tanne wird bei Bedarf eine Mischwuchsregulierung durchgeführt und diese dabei trupp- bis gruppenweise ausgeformt. Diese Pflegemaßnahme wird häufig mit der kleinen Motorsäge oder einem leistungsstarken Freischneider erledigt.

7.4.2 Arbeiten im Nadelholz ab 5,0 m

In Nadelholzbeständen, die aus differenzierter Naturverjüngung (Fichten mit unterschiedlicher Höhe) entstanden sind, ist keine Pflegemaßnahme erforderlich, wenn Sie bei einer Oberhöhe von 2,0 m zirka 250 Fichten je ha im Radius von 2,5 m ausgekesselt haben. Hier findet die nächste Pflegemaßnahme erst bei einer Oberhöhe von 12,0 m statt. Wenn Sie den Pflegeeingriff bei der Oberhöhe von 2,0 m verpasst haben, sollten Sie ihn spätestens bei einer Oberhöhe von 5,0 m nachholen (Abb. 109).

In Nadelholzbeständen, die aus undifferenzierter Naturverjüngung (Fichten mit gleicher Höhe) oder aus Pflanzung entstanden sind, wird bei einer Oberhöhe von 2,0 m der Bestand reduziert (siehe Kapitel 7.4.1). Die nächste Pflegemaßnahme findet bei einer Oberhöhe von 5,0 m statt. Dabei werden bei maximal 250 Fichten beziehungsweise bei maximal 200 Tannen pro ha alle Bedränger im Radius von 3,0 m von den stärksten Bäumen entfernt (Abb. 110).

Durch den Klimawandel wird auch im bäuerlichen Privatwald immer häufiger die Douglasie gesetzt. Voraussetzung ist, dass der Standort (Boden, Höhenlage,...) den Ansprüchen der Douglasie entspricht. Die Jungbestände entstehen in der Regel durch Pflanzung. Die Kulturpflege wird wie bei allen anderen Baumarten durchgeführt (siehe Kapitel 5). Die erste Pflegemaßnahme bei der Douglasie steht bei einer Oberhöhe von 5,0 m an. Dabei bleiben nach der Pflegemaßnahme rund 500 bis 800 Bäume pro ha übrig. Das mitgesetzte Laubholz oder die Mischbaumarten, die aus Naturverjüngung entstanden sind, sollen dabei erhalten bleiben und wenn möglich als Gruppe ausgeformt werden. Um die Werterwartung zu fördern, ist es sinnvoll, die Douglasie frühzeitig zu asten, um astfreies Holz zu produzieren.

Abb. 109. Nachgeholte Freistellung einer Tanne im Radius von 3,0 m; links zeigt die Situation vor dem Pflegeeingriff, rechts nach der Freistellung.

Abb. 110. Eine Tanne wird bei einer Oberhöhe von 5,0 m im Radius von 3,0 m freigestellt.

7.4.3 Bestandespflege ab 12,0 m mit Wertastung

Die Astigkeit ist bei der Verarbeitung von Rundholz ein wichtiges Qualitätsmerkmal. Holz aus geasteten Beständen erzielt daher einen deutlich höheren Verkaufspreis. Um die Nachfrage des Marktes nach astfreiem Holz zu decken, müssen Bestände systematisch geastet werden.

Nur bedingt und in Einzelfällen ist es möglich, astfreies Holz durch entsprechende Bestandesbegründung (hohe Pflanzzahlen) und Bestandespflege zu erziehen. Dabei sollen die Äste durch den Dichtstand absterben. Bei den Totastverlierern wie etwa Eiche, Buche und Kiefer kann dies bis zu einer gewissen Aststärke funktionieren. Im Nadelholz, das in der Regel als Totasterhalter gilt, dauert es sehr lange, bis die abgebrochen Äste überwallen und nicht selten entstehen darunter Fauläste und/oder Unregelmäßigkeiten im Verlauf der Jahrringe.

Ziel der Wertastung ist es, einen astfreien Stamm von 5,0 bis 10,0 m zu bekommen, bei dem der asthaltige Mantel weniger als ein Drittel des Stammdurchmessers beträgt.

Auch aus einem anderen Grund kommt man letztlich nicht um eine Astung herum: Um den Anteil der grünen Krone bei mindestens einem Drittel der Stammlänge zu erhalten und dadurch den Bestand zu stabilisieren, müssen Sie die Bäume früh genug freistellen. Dadurch ist es schwierig, astfreies Holz in genügender Menge und Qualität zu produzieren. Sind Bestand und Bäume geeignet, lohnt sich die Astung.

Folgende Kriterien müssen für einen Bestand erfüllt sein, damit man in ihm eine Wertastung durchführt:

- Vitaler Bestand (ausreichend große Krone,...),
- gesunder Bestand (keine Rücke- und Fällschäden, keine Gipfelbrüche, ...),
- Qualität (gerade, vollholzige Stämme, ...),
- kein Risikobestand (keine Sturmgefährdung, Rotfäule, ...),
- geeignete Erschließung, die Rückegassen sind vor der Astung angelegt (Abb. 111).
- Bestand hat eine ausreichende Größe (zirka 0,5 ha).

Die Astung selbst erfolgt an den Z-Bäumen. Um als Zukunftsbaum (Z-Baum) markiert zu werden, muss ein Baum bestimmte Kriterien erfüllen:

- Vitalität (Kronengröße soll mindestens ein Drittel der Stammlänge haben, sie soll gleichmäßig ausgebildet sein, Nadeln beziehungsweise Blätter sollen eine sattgrüne Farbe besitzen.
- Qualität (vollholzig, kreisförmiger Stamm, nicht grobastig, keine Steiläste und Zwiesel, astfreie Stammlänge von etwa 8,0 m, keine Verletzung und Schäden an Stamm und Stammfuß).
- Kein Randbaum (genügend großer Abstand zu Waldwegen, Rückegassen und Polterplätze).
- Der Baum muss in der Oberschicht stehen.
- Abstand von Z-Baum zu Z-Baum (räumliche Verteilung), siehe unten.

Erfüllt ein Baum diese Anforderung, wird er zu einem Zukunftsbaum (Z-Baum), unabhängig davon, ob er später geastet wird oder nicht. Dieser Z-Baum wird markiert und bei jeder Bestandespflege gefördert. In Wertholzbeständen wird jeder Z-Baum geastet (Abb. 112).

An welchen Bäumen wird überhaupt eine Wertastung durchgeführt? Bei Kirsche und Douglasie ist die Astung ein Muss, da dort keine natürliche Astreinigung stattfindet. Bei Tanne, Eiche, Lärche und Kiefer soll und bei Fichte und Pappel kann geastet werden.

Folgende Abstände von Z-Baum bis Z-Baum sollten Sie beachten: Fichte 6,0 bis 9,0 m, Tanne 7,0 bis 9,0 m, Douglasie 5,0 bis 10,0 m, Lärche 9,0 bis 10,0 m und Kiefer 5,0 bis 9,0 m.

Sind Bestand und Bäume geeignet für eine Astung, wird bei einer Oberhöhe von 12,0 m jeder Z-Baum auf 5,0 m geastet. Haben Sie Ihren Bestand vorgepflegt (siehe Kapitel 10.2), müssen Sie die freigestellten Bäume nur noch auf die Kriterien der Zukunftsbäume überprüfen und je nach Zieldurchmesser auswählen und markieren (Abb. 113). Sollten die Z-Bäume jetzt nicht genügend Platz haben, werden nach der Astung im Bedarfsfall ein bis zwei Bedränger entnommen (Abb. 112).

Sind in Nadelholzbeständen geeignete Laubhölzer zur Auswahl von Z-Bäumen vorhanden, wählt man diese aus. Der Abstand beträgt dann zum Nadelholz zirka 12,0 m.

Abb. 111. Markierte Rückegasse – weiß – und Z-Bäume – gelb. Zur besseren Sichtbarkeit sind die Farben in den Bildern verstärkt.

Abb. 112. Zuerst wird der Z-Baum geastet und markiert und hinterher bei einer Durchforstung freigestellt.

Abb. 113. Geastete und als Z-Baum markierte Fichten im Abstand von 6,0 bis 9,0 m.

7.4.4 So gelingt die Wertastung

Erfüllen Bestand und Baum die oben genannten Kriterien, können Sie dort eine Wertastung durchführen. Ob sich diese Investition in der Zukunft rechnet, kann aber zu diesem Zeitpunkt noch nicht gesagt werden. Je früher die Wertastung durchgeführt wird, umso größer ist der Anteil an astfreiem Stammmantel bei der Holzernte.

Bei der Grünastung ist besonders auf eine sorgfältige Ausführung zu achten, damit es zu keinen Rindenverletzungen kommt und die Äste nicht größer als 3,0 cm sind (Abb. 114).

Die Trockenastung ist bei allen Baumarten ganzjährig möglich. Bei der Grünastung, die auch an fast allen Baumarten möglich ist, ist darauf zu achten, dass man nicht zu viel von der grünen Krone entfernt (Zuwachsminderung). Die optimale Zeit für die Grünastung geht von Winterende bis zum Beginn der Vegetationszeit im Frühjahr und nach Abschluss des Längenwachstums im Juni/Juli. In dieser Zeit wird durch den Harzfluss das Eindringen von Pilzen gehemmt. Dies ist besonders wichtig bei der Douglasie. Die Kirsche reagiert bei der Grünastung empfindlich, da an den Schnittstellen zu starker Äste gern Fäulniserreger eindringen.

Bei der Wertastung gibt es drei Stufen:

Stufe 1: Reichhöhenastung mit einer Handsäge; Oberhöhe des Bestandes 6,0 bis 8,0 m; Brusthöhendurchmesser von zirka 10,0 cm; Astungshöhe bis rund 3,0 m (je nach Körpergröße) (Abb. 115). Mindestens 50 % der grünen Krone müssen erhalten bleiben (Abb. 116).

Stufe 2: Astung mit der Stangensäge oder dem Distelsystem (Abb. 117); Oberhöhe des Bestandes zirka 12,0 m; Brusthöhendurchmesser etwa 15 cm; Astungshöhe 3,0 bis 6,0 m. Mindestens 30 % der grünen Krone müssen erhalten bleiben.

Stufe 3: Höhenastung mit dem Distelsystem oder dem Baumvelo; Oberhöhe des Bestandes etwa 20 m; Brusthöhendurchmesser von maximal 30 cm; Astungshöhe bis zu 12,0 m.

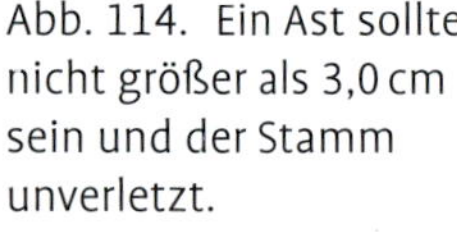

Abb. 114. Ein Ast sollte nicht größer als 3,0 cm sein und der Stamm unverletzt.

Abb. 115. Reichhöhenastung bei der Douglasie.
Abb. 116 Anschließende Freistellung.

Abb. 117. Wertastung bei einer Tanne mit dem Distelsystem.

Die Bäume werden bis auf wenige Ausnahmen (Douglasie, Lärche, Eiche, Kirsche) nur bis auf eine Höhe von zirka 6,0 m geastet, sodass die Astungsstufe 1 und 2 in einem Arbeitsschritt durchgeführt werden.

Die Astung im Nadelholz wird bei einer Oberhöhe von 12,0 m und einem Brusthöhendurchmesser von zirka 12,0 cm durchgeführt. Das heißt, es wird zuerst die Reichhöhenastung mit der Handsäge und dann die Astung mit der Stangensäge oder dem Distelsystem bis auf etwa 6,0 m durchgeführt.

Eine Ausnahme besteht bei Douglasien und Lärchen, die Sie bei einer Oberhöhe von 12,0 m auf 5,0 m geastet haben. Dort ist es jetzt sinnvoll, diese bei einer Oberhöhe von 20 m auf 10,0 m zu asten.

Bei der Ausführung der Astung hat die Qualität einen hohen Stellenwert. Um diese Anforderungen zu erfüllen, müssen Sie Folgendes beachten: Die Schnittführung im Nadelholz verläuft parallel zum Stamm (Abb. 118), der Aststummel darf nicht länger als 1,0 cm sein und der Astwulst darf nicht beschädigt sein (Abb. 119). Sie dürfen die Rinde nicht verletzen (Abb. 120).

Führen Sie einen glatten Schnitt durch (Abb. 121).

Nach der Astungsmaßnahme ist ganz wichtig, dass der Baum gekennzeichnet wird und in einer schriftlichen Dokumentation Anzahl, Zeitpunkt und Höhe der geasteten Bäume und die Fläche festgehalten werden.

Bei der Reichhöhenastung kommen in der Regel Handsägen zum Einsatz, die mit einem immerscharfen Sägeblatt ausgestattet sind. Bei diesen Handsägen sind die Schneidezähne so gestellt, dass sie nur auf Zug sägen. Bei der Reichhöhenastung sollten Sie folgende Schutzausrüstung tragen: Schutzbrille, Kevlarhandschuhe und Sicherheitsschuhe (Abb. 122). Die Astungsstufe 2 wird häufig mit einer Stangen-

Abb. 118. Die Schnittführung erfolgt parallel zum Stamm.

Abb. 119. Der Aststummel darf nicht beschädigt sein.

Abb. 120. Bei schweren Ästen können Sie durch Halten, Einsägen der Unterseite und Stümmeln Rindenverletzungen am Stamm verhindern.

Abb. 121. Keine saubere Schnittführung, dabei müssen alle Äste einschließlich der Feinäste entfernt werden.

Abb. 122. Bei der Reichhöhenästung müssen Sie Schutzbrille, Kevlarhandschuhe, Kopfbedeckung und Sicherheitsschuhe tragen.

Abb. 123. Bei der Arbeit mit der Stangensäge müssen Sie zusätzlich einen Helm gegen herabfallende Äste tragen.

Abb. 124. Wertastung mit dem Distelsystem. Die Verfahrenskosten sind nicht unerheblich.

säge aus Aluminium durchgeführt. An dem Aluminiumgestänge befindet sich eine Säge, die auf Zug sägt und mit einem immerscharfen Sägeblatt ausgestattet ist. Hierbei sind die Systemkosten und der Organisationsaufwand relativ gering. Die Astung mit der Stangensäge dürfen Sie alleine durchführen, Sie müssen nur folgende Schutzausrüstung tragen: Helm gegen herabfallende Äste, Kevlarhandschuhe, Schutzbrille und Sicherheitsschuhe (Abb. 123).

Bei der Stangensäge ist das Absägen der Astkränze etwas schwierig, da der Kopf nach oben überstreckt wird und ein genaues Arbeiten erschwert ist.

Eine Alternative ist die Wertastung mit Distelsystem, denn hier können Sie stehend auf einer Leiter die Äste auf Augenhöhe mit der Handsäge wegsägen (Abb. 124).

Kommt die Distelleiter zum Einsatz, sind die Systemkosten und der Organisationaufwand relativ hoch. Der Bediener muss zuerst eine Schulung absolvieren (Einsatz Distelsystem mit Höhenrettung), er muss sich eine Schutzausrüstung gegen Absturz, einen Höhenrettungssack zum Retten aus Höhen und die Distelleiter kaufen, die einmal jährlich geprüft werden muss. Er darf im Gegensatz zur Wertastung mit dem Gestänge nicht alleine arbeiten. Er benötigt Kevlarhandschuhe, Schutzbrille und eine Kopfbedeckung (optional).

Daher ist es sinnvoll, im Privatwald die Wertastung bei geringen Z-Baumzahlen mit der Stangensäge durchzuführen. Hier sind die Systemkosten und der Organisationaufwand im Verhältnis sehr gering.

Bei der Grünastung ist es ganz wichtig, dass Sie regelmäßig das Sägeblatt von Harz reinigen, beispielsweise mit einem Bioreiniger.

7.4.5 Bestandespflege bei einer Oberhöhe von 15 m

Wurden in Nadelholzbeständen bei einer Oberhöhe von 12,0 m keine Z-Bäume ausgewählt, weil der Bestand nicht astungswürdig war, erfolgt jetzt bei einer Oberhöhe von 15 m die Z-Baumauswahl mit anschließender Bedrängerentnahme. (siehe Kapitel 10.3). Bei dieser Oberhöhe beginnt die Auslesedurchforstung. Ausnahme hierbei ist die Douglasie, bei der die Auslesedurchforstung erst bei einer Oberhöhe von 20 m beginnt.

Sind in dem Bestand noch keine Rückegassen angelegt, werden diese vor der Z-Baumauswahl angelegt (siehe Kapitel 11).

7.5 Bestandespflege im Laubholz

Bei Laubholzbeständen (Buche, Eiche und Buntlaubhölzern) werden nach der Mischwuchsregulierung (Kapitel 7.3.2) bis zu einer Oberhöhe von 10,0 m keine weiteren Pflegemaßnahmen durchgeführt, da jetzt die Qualitätserziehung im Vordergrund steht. Hier sollte nicht unnötig in die natürliche Astreinigung und die Ausdifferenzierung eingegriffen werden.

7.5.1 Negative Auslese bei einer Oberhöhe von 10,0 und 13,0 m

Hat der Laubholzbestand eine Oberhöhe von 10,0 m erreicht, findet die nächste Pflegemaßnahme statt. Dabei werden in der herrschenden Schicht maximal 200 schlecht veranlagte Bäume pro Hektar herausgesägt (grobastige, krumme, zwieselige, beschädigte Bäume, Stockausschläge, ...). Von der herrschenden Schicht spricht man, wenn ein Baum mit seiner Krone in der obersten Schicht im Bestand steht (Abb. 125, Abb. 126).

Diese Pflegemaßnahme wird auch als negative Auslese bezeichnet. Dabei ist wichtig, dass durch die negative Auslese bei einer Oberhöhe von 10,0 m die Qualifizierungsphase (natürliche Astreinigung) nicht unterbrochen wird. In der Qualifizierungsphase sollen sich die Bäume durch den Seitendruck und den Engstand gut entwickeln, nach oben schieben und die Äste natürlich absterben (Abb. 127). Bei Bedarf können Sie bei einer Oberhöhe von 13,0 m nochmals eine negative Auslese mit 200 Eingriffen pro Hektar durchführen. Dabei werden die Eingriffe so gewählt, dass die gut veranlagten Bäume gefördert werden.

In der Praxis benötigt man in der Regel nur einen Eingriff, wobei auch hier die maximale Eingriffsstärke nicht benötigt wird.

7.5.2 Positive Auslese bei einer Oberhöhe von 17,0 m

In Laubholzbeständen strebt man eine astfreie Stammlänge von zirka 8,0 m an. Ist die astfreie Stammlänge durch die natürliche Astreinigung erreicht, werden in diesen Beständen die Z-Bäume ausgewählt. Dies geschieht in der Regel bei einer Oberhöhe von etwa 17,0 m (siehe Kapitel 7.4.3). In reinen Laubholzbeständen beträgt der Abstand zwischen Z-Bäumen mindestens 10,0 m. Erfüllt ein Baum die Kriterien als Z-Baum (siehe Kapitel 7.4.4), bekommt er eine Markierung und die Bedränger werden entfernt.

Ein Baum wird als Bedränger bezeichnet, wenn er 70 % der Höhe des Z-Baumes (Abb. 128) oder des Durchmessers (Abb. 129) überschreitet. Die sogenannten Reiber und Peitscher können den Stamm und die Krone beschädigen. Ein weiteres Merkmal für einen Bedränger ist, wenn die Kronen tief in- und übereinander wachsen. Dann ist der Bestand gedrängt oder die Zweigspitzen berühren sich und der Bestand ist geschlossen. Dadurch wird die Kronenentwicklung des Z-Baumes beeinträchtigt und die Bäume müssen weggesägt werden.

Abb. 125. Im Durchschnitt alle 4,5 mal 4,5 m (20 m²) kann ein Eingriff in der herrschenden Schicht erfolgen.

Abb. 126. Schlecht veranlagte Bäume werden konsequent heraus gesägt.

Abb. 127. Der gut veranlagte Baum im Hintergrund (gelb markiert) wird durch die Entnahme des schlecht veranlagten Baumes (rot markiert), der einen Zwiesel auf etwa 6,0 m Höhe hat, gefördert und bekommt nach dem Eingriff mehr Platz.

Abb. 129. Hier hat der Z-Baum einen BHD von 18 cm und der Bedränger einen BHD von 14 cm. Somit sind 70 % des Durchmessers erreicht.

Abb. 128. Z-Baum (gelb markiert) und rechts der Bedränger (rot markiert), der in die Krone des Z-Baumes wächst. 70 % der Höhe sind erreicht.

Ist der Laubholzbestand am Hang, so wird der Bedränger immer zuerst auf der Hangoberseite entfernt.

Wie viele Bedränger um den Z-Baum entfernt werden, hängt von der Stabilität (H/D-Verhältnis), von der Lage zur Windrichtung, der Meereshöhe (Nassschneezone) und der Baumart ab. Beispielsweise reagiert eine Eiche auf zu wenig Licht mit Angstreißern oder bei zu viel Licht mit Wasserreißern am ganzen Stamm. Wichtig dabei ist, dass der Z-Baum genügend Platz in der Krone bekommt, um diese gleichmäßig auszuformen (Abb. 130). Dies nimmt Einfluss auf die Form des Stammes, die gleichmäßige Jahrringbildung und die Wurzelausbildung im Boden.

Eine weitere Maßnahme könnte sein, dass man die Z-Bäume bei Eiche und Kirsche auf 8,0 bis 10,0 m je nach Kronenansatz mit dem Distelsystem astet (Abb. 131). Bei der Wertastung gelten dabei die gleichen Anforderungen wie im Nadelholz. Nur die Schnittführung ist nicht wie im Nadelholz parallel zum Stamm, sondern eher schräg entsprechend der Astneigung, damit die Schnittfläche so klein wie möglich ist (Abb. 132).

Durch das Entfernen der abgestorbenen Äste kann man schneller astfreies Holz produzieren (Abb. 133). Es kann unter Umständen sehr

Abb. 130. Freigestellte Eiche, die auf allen Seiten der Krone Platz zum Wachsen hat, damit diese sich gleichmäßig ausformen kann.

Abb. 131. Mit Hilfe der Wertastung werden dürre Äste frühzeitig entfernt.

Abb. 132. Beim Laubholz sollte die Schnittfläche so klein wie möglich sein.

Abb. 133. Vorher – nachher: Eiche nach der Bestandespflege mit dürren Ästen, die nach der Qualifizierungsphase noch nicht abgefallen sind (links). Nach der Wertastung (rechts) sind die dürren Äste bis zum Ansatz der grünen Krone entfernt (maximal auf 10,0 m).

lange dauern, bis ein abgestorbener Ast abbricht und überwallt. Bis die abgebrochen Äste überwallen, können Fäulepilze in den Stamm eindringen. Das kann zum Entstehen von überwallten Faulästen und Unregelmäßigkeiten im Stamm und Jahrringaufbau führen. Der astfreie Mantel beginnt erst, wenn alle Äste komplett überwallt sind.

In der Regel erfolgen Eingriffe nur in der herrschenden Schicht. Nur in Ausnahmefällen wird im Zwischen- oder Unterstand eingriffen, etwa wenn Gefahr besteht, dass der Zwischen- oder Unterstand verschwindet.

Findet man in Nadel- oder Laubholzbeständen keine Z-Bäume, werden diese Bestände so gepflegt, dass die Bäume immer einen ausreichenden Abstand zueinander haben. So verteilt sich die Zuwachsleistung auf alle Bäume im Bestand und die Bäume erreichen eine ausreichende vitale Krone und Stabilität. Werden in einem Bestand Z-Bäume ausgewählt, wird die Zuwachsleistung des Bestandes auf die Anzahl der Z-Bäume gelenkt.

8 Unfallverhütung bei der Bestandespflege

Um Unfälle bei der Bestandespflege und Jungbestandespflege zu vermeiden, dürfen Sie die vielen Gefahren nicht auf die leichte Schulter nehmen. Viele Verletzungen lassen sich recht einfach vermeiden, indem Sie immer die komplette Schutzausrüstung tragen. Führen Sie die Bestandespflege und Jungbestandespflege mit einer leichten Motorsäge mit kurzer Schiene durch und sägen Sie so viel wie möglich mit einlaufender Kette.

8.1 Gefahren erkennen und vermeiden

Bei der Bestandespflege und Jungbestandespflege kommt es immer wieder zu Unfällen. Dabei handelt es sich meistens um Schnittverletzungen an Händen und Beinen. Zurückschnellende und unter Spannung stehende Äste können zu Kopf- und Augenverletzungen führen. Auch zu lang abgesägte Äste an stehenden Bäumen führen zu Stichverletzungen im Gesicht (Abb. 134). Daher sollten Sie die Äste so nah wie möglich am Stamm absägen ohne den Stamm zu verletzen.

Abb. 134. Längere Aststummel können gefährliche Gesichtsverletzungen verursachen.

Je nach Jahreszeit kommt es auch zu Krankheiten oder Verletzungen durch Insekten, etwa durch Zecken, Wespen oder Eichenprozessionsspinner.

Zu den Ursachen all dieser Verletzungen zählen vor allem:

- Unterschätzen der Gefahren bei der Jungbestandespflege,
- wenig Kenntnisse über geeignete Schnitttechniken,
- die Übungsschwelle ist nicht erreicht,
- falsche Geräteauswahl (zu schwere Motorsäge mit zu langer Schiene),
- zu geringe Sicherheitsabstände zu Arbeitskollegen, Straßen, Wegen...,
- hastiges, unkontrolliertes Arbeiten mit der Motorsäge,
- Stolpern, Ausrutschen, Hängenbleiben an Gestrüpp, Dornen und Schlinggewächsen,
- schwierige Begehbarkeit der Fläche,
- hohe körperliche Belastung durch Abtragen der Stämme und langes Tragen der Motorsäge,
- hohe Abgasbelastung in dichten Fichtenbeständen und
- Weglassen der persönlichen Schutzausrüstung.

Abb. 135. Rechts Die Begehbarkeit in Dickungen ist schlecht, die Stolpergefahr groß.

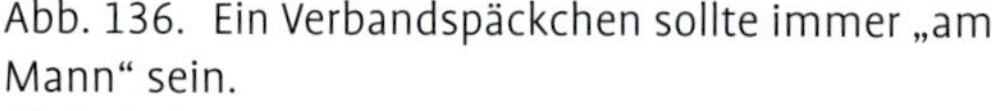

Abb. 136. Ein Verbandspäckchen sollte immer „am Mann“ sein.

Abb. 137. Bis 12 cm BHD kann mit Schnitttechniken der Bestandespflege gearbeitet werden.

Abb. 138. Ab 12 cm BHD muss der Baum mit einem Fallkerb und Fällschnitt gefällt werden.

Achten Sie beim Gehen im Bestand darauf, wohin Sie treten, um Gefahren frühzeitig zu erkennen. Die Begehbarkeit der Fläche bei der Mischwuchsregulierung oder Stammzahlverringerung ist besonders in Nadelholzbeständen sehr schwierig (Abb. 135).

Führen Sie immer ein Verbandspäckchen mit, damit Sie bei einer Schnittverletzung etwas zum Verbinden greifbar haben (Abb.136).

Die Bestandespflege und Jungbestandespflege gehören nach den Unfallverhütungs-Vorschriften zu den gefährlichen Arbeiten, da diese mit der Motorsäge durchgeführt werden. Das bedeutet für Sie, dass eine Alleinarbeit nicht erlaubt ist.

Wichtig ist, dass Sie die Motorsäge beim Gehen von Baum zu Baum ausschalten oder die Kettenbremse einlegen. Wählen Sie beim Sägen einen sicheren Standplatz und führen Sie keine Schnitte über Schulterhöhe aus. Beurteilen Sie jede Situation neu, bevor Sie sägen und prüfen Sie die Umgebung ganz genau, vor allem, ob Äste oder Zweige unter Spannung stehen. In der Regel sind die Bestände sehr dicht und es wurde noch keine Holzernte durchgeführt.

Durch das Verwenden von Sonderkraftstoff ist die Schadstoffbelastung für den Motorsägenführer geringer, vor allem in dichten Nadelholzbeständen.

Die Sägetechnik in der Bestandespflege und Jungbestandespflege wird vom Stammdurchmesser vorgegeben. Bis zu einem Brusthöhendurchmesser (BHD) von etwa 12 cm können Sie die Schnitttechniken der Bestandespflege und Jungbestandespflege anwenden, also beispielsweise das Abstocken. Der BHD wird in einer Stammhöhe von 1,30 m über dem Boden ermittelt. Der in Abb. 137 beispielhaft gezeigte Baum hat rund 8,0 cm BHD. Daher können Sie ihn mit der Abstocktechnik fällen und mit der Klappschnitttechnik zu Fall bringen.

Ist der BHD größer als 12 cm, müssen Sie den Baum mit dem 90 Grad-Fallkerb und einem Fällschnitt fällen. Wenn Sie mit einer Fällhilfe arbeiten, müssen Sie den versetzten Fällschnitt anwenden (Abb. 138). Diese Schnitttechniken werden noch detailliert in Kapitel 9 beschrieben.

8.2 Persönliche Schutzausrüstung

Zur sicheren Arbeit gehört eine komplette Schutzausrüstung nach der Unfallverhütungs-Vorschrift (Abb. 139). Sie besteht aus fünf Teilen und jedes Teil hat andere Anforderungen und damit auch zusätzlich zu dem KWF-Gebrauchswerttest, CE oder ET spezielle Prüfzeichen. Nachfolgend werden die einzelnen Teile der Schutzausrüstung kurz beschrieben.

Die Schutzhelmkombination (A) erfüllt gleich mehrere Funktionen. Sie schützt den Kopf vor Stößen und herabfallenden Ästen, das Gesicht vor zurückschlagenden Ästen, Sägespänen und Splittern. Der Gehörschutz verhindert bleibende Hörschäden.

Abb. 139. Die persönliche Schutzausrüstung bietet ein hohes Maß an Sicherheit.

Die Helmschale muss in Signalfarbe sein, hat ab Herstellerdatum eine Tragedauer von fünf Jahren und muss mit der Prüfnummer (EN 397 Industrieschutzhelme + Anhang B „Künstliche Alterung“) versehen sein.

Der Gehörschutz muss die Prüfnummer EN 352–3 haben, damit er für den Lärmpegel der Motorsäge geeignet ist.

Der Gesichtsschutz muss die Prüfnummern EN 1731 und EN 166 haben und bei Beschädigung ausgewechselt werden. Er wird in vielen Varianten angeboten, beispielsweise aus Netzgitter, Plexiglas, Blechgitter, mit verschiedenen Sichtfelder und anderem.

Die Arbeitsjacke (B) erfüllt viele Anforderungen bei der Waldarbeit. Sie muss der Witterung standhalten und dient als Warnjacke. Achten Sie daher auf folgende Merkmale:

- Im Brust- beziehungsweise Rückenbereich mindestens ein Drittel Signalfarbe (RAL),
- Lüftungsöffnungen im Schulter-, Brust- und Achselbereich,
- verstellbare Ärmelbundabschlüsse,
- verdeckter Reißverschluss,
- komfortabler Schnitt mit verlängertem Rückenteil für eine gute Passform und Beweglichkeit,
- Erste-Hilfe-Taschen (meist innenliegend) und
- genügend und gut platzierte Taschen.

Die Schutzhandschuhe (C) tragen die EN 388 und das sogenannte Hammerpiktogramm. Unter diesem befindet sich eine Zahlenreihe. Die erste Zahl steht für Abriebfestigkeit, die zweite Zahl für Schnittfestigkeit, die dritte Zahl für Weiterreißkraft und die vierte Zahl für Durchstichkraft. Je höher die einzelnen Zahlen, desto besser ist der Handschuh. Er soll die Hand vor Schmutz, Schnitt- und Stichverletzungen, Nässe, Kälte, Schwingungen und gefährlichen Arbeitsstoffen schützen.

Bei den Schnittschutzhosen (D) wurden in den letzten Jahren viele innovative Produkte hergestellt. Jeder Träger findet entsprechend seinen Anforderungen an Beweglichkeit, Passform, Farbe und Preis die passende Hose. Was aber alle Sicherheitshosen aufweisen müssen, ist die Prüfnummer EN 381-5 Typ A und das Schnittschutzpiktogramm mit der Schutzklasse 1. Das bedeutet: Kein Durchtrennen des Schnittschutzes bei einer Kettengeschwindigkeit von 20 m/s (auslaufende Kette).

Mehr Informationen dazu erhalten Sie im Buch „Sachkundenachweis Motorsäge“, erschienen im Verlag Eugen Ulmer Verlag (ISBN 978-3-8001-7420-1).

Auch die Grundanforderungen der Sicherheitsschuhe (E) haben sich geändert. Das Schnittschutzpiktogramm muss deutlich sichtbar am Schuh sein. Im gesamten Vorderschuhbereich brauchen Sie eine Schnittschutzeinlage nach EN 381-3. Außerdem sollten Sie auf Folgendes achten:

- Zehenschutzkappe Klasse 200 J,
- griffige Sohle mit mindestens 6,0 mm Profiltiefe, Profil im Steg, Schafthöhe mindestens 19,5 cm.

8.3 Sicherheitseinrichtungen an der Motorsäge

Die Sicherheitseinrichtungen an der Motorsäge schützen den Benutzer aktiv vor Gefahren. Nachfolgend werden die wichtigsten Sicherheitseinrichtungen beschrieben.

Der vordere **Handschutz** schützt die linke Hand vor heraufschlagenden Ästen und dem Abrutschen in die Schneidegarnitur (Abb. 140).

Die **Kettenbremse** ist mit dem vorderen Handschutz verbunden, diese wird durch einen starken Rückschlag (Kick-Back) durch das Massenträgheitsprinzip oder durch Abrutschen mit der linken Hand durch manuelles Betätigen des vorderen Handschutzes eingelegt. Verfügt die Motorsäge am hinterem Handgriff zusätzlich zur Gashebelsperre über die Quick Stop Super Funktion, wird beim Loslassen des hinteren Handgriffs mit der rechten Hand sofort die Motorsägenkette gestoppt (Abb. 141).

Der **hintere Handschutz** schützt die rechte Hand vor Verletzungen durch heraufschlagende Äste und beim Herabspringen der Kette (Abb. 142).

Der **Ein/Ausschalter** ist nach Gerätesicherheitsgesetz vorgeschrieben, um die Motorsäge gefahrenlos auszuschalten (Abb. 143).

Abb. 140. Vorderer Handschutz.

Abb. 141. Kettenbremse.

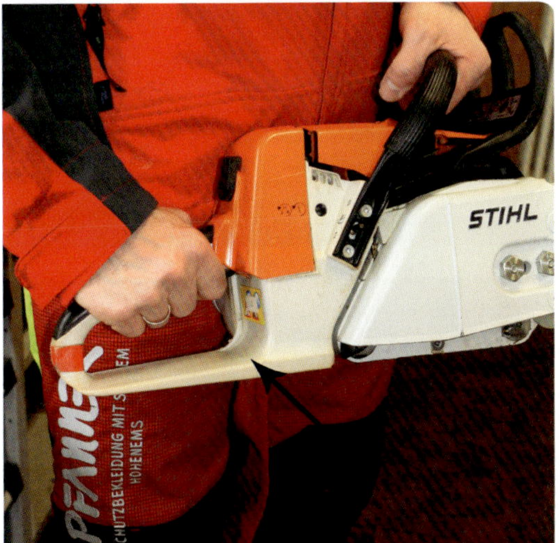

Abb. 142. Hinterer Handschutz.

Abb. 143. Ein-/Ausschalter.

Abb. 144. Sicherheitskette.

Abb. 145. Ketten-/Transportschutz.

Abb. 146. Kettenfangbolzen.

Abb. 147. Gashebelsperre.

Abb. 148. Anti-Vibrationssystem.

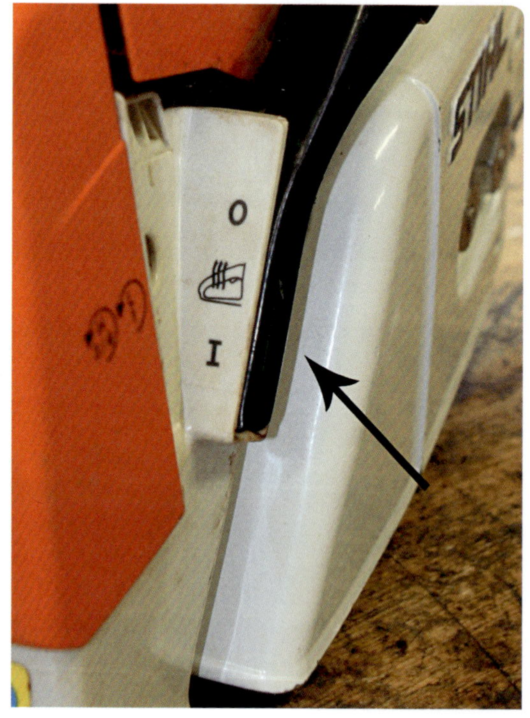

Abb. 149. Griffheizung.

Von einer **Sicherheitskette** spricht man, wenn an der Motorsägenkette das Treibglied/Verbindungsglied oder der Tiefenbegrenzer eine spezielle Form haben. Durch diese rampenartige Ausformung zum Zahndach wird der Rückschlag minimiert (Abb. 144).

Der **Kettenschutz/Transportschutz** verhindert das Berühren der Kette mit der Hand (Verletzungsgefahr) und gewährleistet, dass die Motorsägenkette beim Transport scharf bleibt (Abb. 145).

Der **Kettenfangbolzen** sorgt dafür, dass falls die Kette von der Schiene springt, sie im Flug zusammenbricht und nicht mit voller Wucht zum hinteren Handschutz fliegt (Abb. 146).

Die **Gashebelsperre** verhindert unbeabsichtigtes Gasgeben durch Astberührungen (Abb. 147).

Das **Anti-Vibrationssystem** mindert die Vibration am vorderen und hinteren Handgriff, die von Motor und Kette entstehen. Durch Vibrationen werden die Blutgefäße in den Fingerspitzen zerstört, die Durchblutung eingeschränkt und es kommt zu kalten Fingern. Bei Waldarbeitern kann dies zu der sogenannten Weißfingerkrankheit führen, einer anerkannten Berufskrankheit (Abb. 148).

Die **Griffheizung** ist zuschaltbar und befindet sich am vorderen beziehungsweise am hinteren Handgriff. Sie erhöht bei kalten Temperaturen die Griffsicherheit und beugt der Weißfingerkrankheit vor (Abb. 149).

8.4 Sicherheit ist planbar

Bei der gefährlichen Waldarbeit und den teilweise schwierigen Witterungsverhältnissen kommt es immer wieder zu schweren Unfällen. Bei der Arbeitsplanung vergisst man häufig, wie man sich verhalten soll und welche Maßnahmen getroffen werden müssen, wenn ein Unfall passiert.

Die An- und Abfahrt zum Arbeitsort gestaltet sich für die Waldarbeiter mit ihrem Pkw und eventuell für Rettungskräfte als schwierig. Daher sollte die Zufahrt zum Arbeitsort so gewählt werden, dass der Weg keine Steilstrecken aufweist und bei winterlichen Verhältnissen geräumt oder gestreut ist.

Im bäuerlichen Privatwald wird häufig noch alleine gearbeitet. Aber: Haben Sie sich schon mal Gedanken gemacht, wie Sie in einem Notfall reagieren? Wenn bei der Waldarbeit ein schwerer Unfall passiert und Sie alleine sind, haben Sie je nach Schwere des Unfalls fast keine Möglichkeit, die Rettungskette in Gang zu setzen (Notruf absetzen, Sofortmaßnahmen am Unfallort). Bei zwei Beschäftigten können sofort nach einem schweren Unfall der Notruf abgesetzt und die Sofortmaßnahmen beim Verletzten durchgeführt werden. Zu den Sofortmaßnahmen gehören die stabile Seitenlage bei Bewusstlosigkeit, Verband anlegen bei Blutungen, Schockbekämpfung (Beine hochlagern) und auch Wiederbelebungsmaßnahmen.

In dieser Situation kann es dann nur schwierig werden, wenn der Unfallort im Wald von den Rettungskräften nicht alleine gefunden wird. Dann müssen Sie in der Lage sein, den Rettungsdienst über Handy an den Unfallort zu lotsen oder die Entscheidung treffen, ob Sie den Verletzten alleine lassen können, um den Rettungsdienst zu holen.

8.4.1 Rettungstreffpunkt absprechen

Diese Probleme treten bei drei Personen bei der Waldarbeit nicht auf, da einer bei dem Verletzten bleiben kann und die Sofortmaßnahmen am Unfallort durchführt. Die dritte Person setzt den Notruf ab, fährt zum Rettungstreffpunkt und holt dort die Rettungskräfte ab. Wählen Sie daher den Rettungstreffpunkt so, dass dieser eindeutig von den Rettungskräften zu finden ist (zum Beispiel postalische Adresse) oder Sie verwenden die Rettungstreffpunkte der Forstverwaltungen, wenn diese von der Lage her zu Ihrem Wald passen. Diese haben den Vorteil, dass sie bei den Rettungsleitstellen bekannt sind. Wenn Sie unter: www.kwf-online.de bei der Suchfunktion „Rettungspunkte" eingeben, können Sie unter „Rettungspunkte-Übersicht" die aktuelle Karte aufrufen.

Der Notruf wird über die 112 abgesetzt. Auch wenn Sie kein Netz haben, funktioniert diese Nummer. Die Rettungsleitstelle nimmt den Notruf entgegen oder leitet ihn an die zuständige Rettungsleitstelle weiter. Dies passiert dann, wenn Sie an Kreisgrenzen oder Landesgrenzen Ihren Waldbesitz haben. Bei einer Rettungsübung lässt sich dies ohne Stress in Erfahrung bringen.

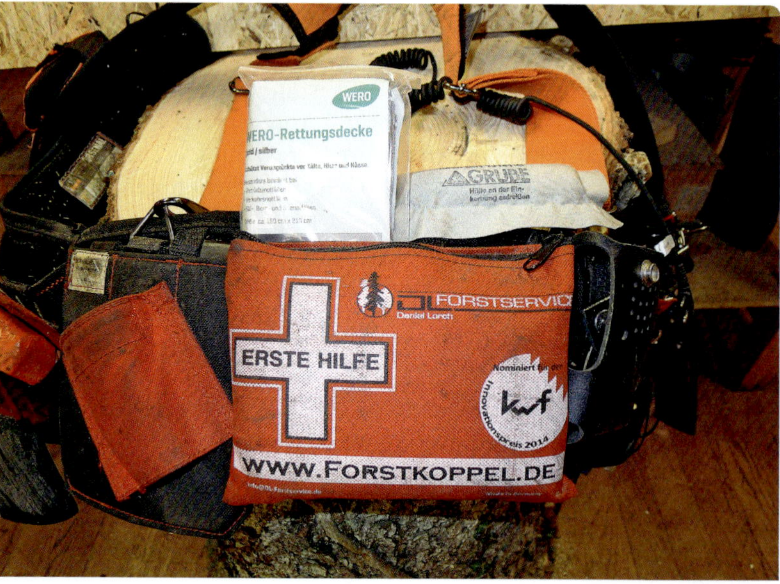

Abb. 150. Für Sofortmaßnahmen immer am Mann: mindestens ein Forstverbandspäckchen und eine Rettungsdecke.

Die fünf „W"-Fragen

Anhand der fünf „W"-Fragen werden Sie von der Rettungsleitstelle befragt, damit sich die Rettungskräfte ein Bild von dem Verunfallten und der Situation machen und sich auf den Notfall vorbereiten können. Und das sind die fünf „W"-Fragen:

- Wo ist der Unfall/Notfall? (Beschreiben Sie die Lage genau, damit eventuell weitere Rettungskräfte wie Feuerwehr oder Bergwacht zur Bergung alarmiert werden können).
- Was ist passiert?
- Wie viele Personen sind verletzt?
- Welche Verletzungen hat der Verunfallte?
- Warten – die Rettungsleitstelle beendet das Gespräch.

Auch die Sofortmaßnahmen sollten am Unfallort regelmäßig geübt und aufgefrischt werden. Denn der letzte Rotkreuzkurs liegt meist länger zurück als man denkt. Das Deutsche Rote Kreuz bietet eine App zum Download an, die wichtige und hilfreiche Informationen zum Bereich Erste Hilfe enthält. In der Kategorie „Mein kleiner Lebensretter" sind viele wichtige Punkte zu Sofortmaßnahmen am Unfallort enthalten und beschrieben.

Um bei einem Unfall Sofortmaßnahmen durchführen zu können, muss jeder Waldarbeiter mindestens ein Forstverbandspäckchen und eine Rettungsdecke am Mann mitführen (Abb. 150).

Denn bis der Verbandskasten (DIN 13157 C) vom Auto oder Traktor geholt ist, dauert es je nach Entfernung eine Weile. Das Verbandsmaterial (Kasten) sollte regelmäßig auf Vollständigkeit und Haltbarkeit kontrolliert werden. Nachfolgend nochmals der Ablauf der Rettungskette auf einen Blick: Sofortmaßnahmen – Notruf – Erste Hilfe – Rettungsdienst – Krankenhaus.

9 Schnitttechniken bei der Bestandespflege

Der Stammdurchmesser bestimmt in der Bestandespflege die Sägetechnik: Bis zu einem Durchmesser von rund 12,0 cm BHD (Brusthöhendurchmesser gemessen auf 1,3 m) können Sie die Schnitttechniken der Bestandespflege beziehungsweise der Jungbestandespflege gemäß der Unfall-Verhütungs-Vorschriften anwenden (Abb. 151). Ab 12,0 cm BHD wird mit einem Fallkerb gearbeitet. Durch die Anwendung der jeweils richtigen Schnitttechnik und eine umsichtige Vorgehensweise können Sie schwere Verletzungen bei der Durchführung dieser Arbeiten vermeiden.

9.1 Schnitttechnik bis 12 cm BHD

Nachfolgend werden Techniken zum Fällen und Zufallbringen in der Bestandespflege/Jungbestandespflege bis etwa 12,0 cm BHD vorgestellt:

Abb. 151. Dieser Baum hat einen BHD von zirka 8,0 cm. Deshalb können Sie den Baum mit den Schnitttechniken der Bestandespflege und Jungbestandespflege zu Fall bringen.

9.1.1 Schrägschnitt

Der Schrägschnitt eignet sich zur Fällung von schwächeren, senkrecht stehenden Bäumen in der Ebene und am Hang. Halten Sie die Säge im rechten Winkel zur Fällrichtung und setzen Sie den Fällschnitt mit einlaufender Kette in einem Winkel von rund 30 Grad an. Dabei ist die Fällrichtung in Winkelöffnung (Abb. 152). Am Anfang des Fällschnitts schaut die Schiene über den Durchmesser des Baumes hinaus, im weiteren Verlauf zieht der Sägeführer die Schiene in den Stamm hinein und durchtrennt den Rest des Stammes. Sobald der Rest durchtrennt ist, kann der Stamm auf der Schiene vom Stock rut-

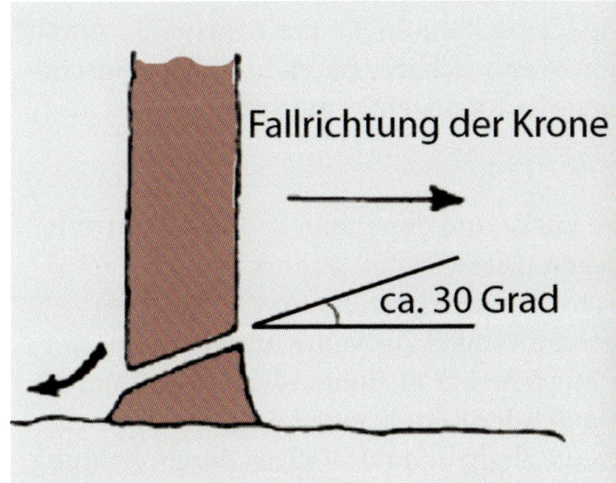

Abb. 152. Der Schrägschnitt wird zum Fällen schwächerer Bäume verwendet und mit einlaufender Kette angesetzt.

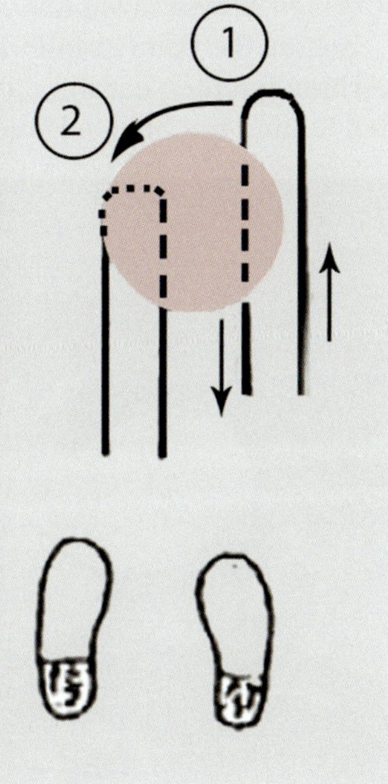

Abb. 153. Nach dem Ansetzen wird die Schiene in den Stamm gezogen.

schen. Zieht man die Schiene beim Durchtrennen nicht in den Stamm hinein (Abb. 153), kann es passieren, dass die Schiene durch das Abrutschen verbogen wird.

9.1.2 Schrägschnitt mit Führungsband

Die Fällung mit Führungsband eignet sich sowohl am Hang als auch auf der Ebene, um eine gezielte Fällung in eine Bestandeslücke durchzuführen. Bei stärkeren Bäumen über 20 cm Stockdurchmesser müssen Sie immer einen Fallkerb anlegen. Stehen Sie im rechten Winkel zur Fällrichtung. Dabei wird mit einlaufender Kette gesägt. Die Führungsbandstärke ist abhängig vom Stockdurchmesser und Hang des Baumes (Abb. 154). Dies können Sie nur durch eine genaue Baumbeurteilung feststellen. Wenn sich der Baum in die gewünschte Richtung neigt, treten Sie auf die Rückweiche zurück.

9.1.3 Abstocken

Finden Sie im Bestand keine Lücke, um den Baum zu Fall zu bringen, sollten Sie den Baum abstocken. Diese Schnitttechnik können Sie bei senkrecht stehenden oder schwach geneigten Bäumen anwenden. Auch hier müssen Sie im rechten Winkel zur Fällrichtung stehen. Der Fällschnitt beginnt von der Zugseite her in einem Winkel von rund 50 Grad. Beginnen Sie mit einlaufender Kette von der Zugseite her (Abb. 155). Führen Sie diesen Schnitt zügig und mit Vollgas durch. Achtung: Beim Abrutschen des Baumes kann der Sägeführer vom Baum selbst oder durch tief angesetzte Äste getroffen werden. Daher mit ausgestreckten Armen sägen und nicht zu nahe am Baum stehen (Abb. 156).

Achten Sie beim Zufallbringen beziehungsweise Abtragen von leichten Bäumen darauf, dass Sie Ihren Rücken gerade halten und den Stamm mit beiden Händen greifen (Abb. 157).

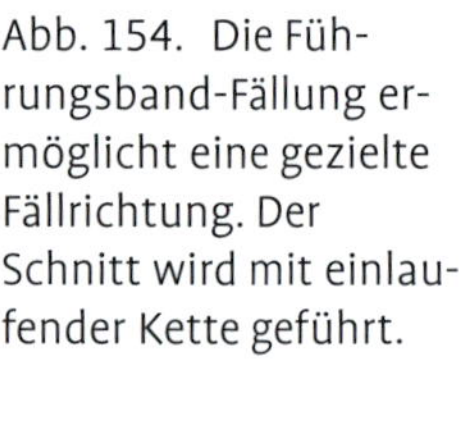

Abb. 154. Die Führungsband-Fällung ermöglicht eine gezielte Fällrichtung. Der Schnitt wird mit einlaufender Kette geführt.

Abb. 155. Beim Abstocken beginnt der Fällschnitt auf der Zugseite im Winkel von etwa 50 Grad. Der Schnitt wird mit einlaufender Kette und Vollgas geführt.

Abb. 156. Mit ausgestreckten Armen sägen und nicht zu nahe am Baum stehen.

Abb. 157. Beim Abtragen von leichten Bäumen den Rücken gerade halten und den Stamm mit beiden Händen fassen.

9.1.4 Abklotzen

Ist der Baum zu schwer zum Abtragen, können Sie ihn auch abklotzen. Die Schnittführung sollte nicht über Hüfthöhe gehen. Der erste Schnitt wird auf der Druckseite mit einlaufender Kette geführt und durchtrennt etwa ein Drittel vom Stammdurchmesser. Der zweite Schnitt wird von der Zugseite mit auslaufender Kette geführt und durchtrennt den Stamm. Dabei müssen sich beide Schnitte treffen. Rechnen Sie damit, dass der Stamm vorzeitig brechen kann (Abb. 158).

9.1.5 Klappschnitt

Der Klappschnitt wird beim Zufallbringen senkrecht stehender Bäume angewandt. Sie stehen beim Sägen wieder im rechten Winkel zur Fällrichtung. Die Schnitthöhe darf nicht höher als die Leistenbeuge des Sägeführers sein, denn dort hört die Schnittschutzeinlage der Hose auf. Der erste Schnitt wird mit auslaufender Kette geführt. Er ist der untere Schnitt, gibt die Druckrichtung an und geht bis etwa zwei Drittel vom Stammdurchmesser tief (Abb. 159).

Der zweite Schnitt wird mit einlaufender Kette geführt. Er wird mindestens drei Fingerbreit höher als der erste Schnitt angesetzt und geht

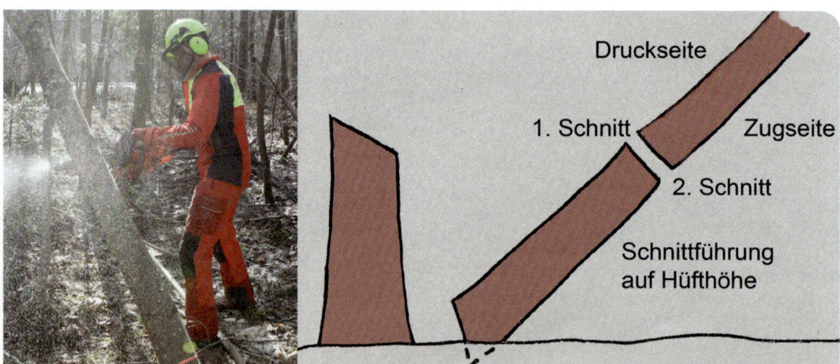

Abb. 158. Schnittfolge beim Abklotzen.

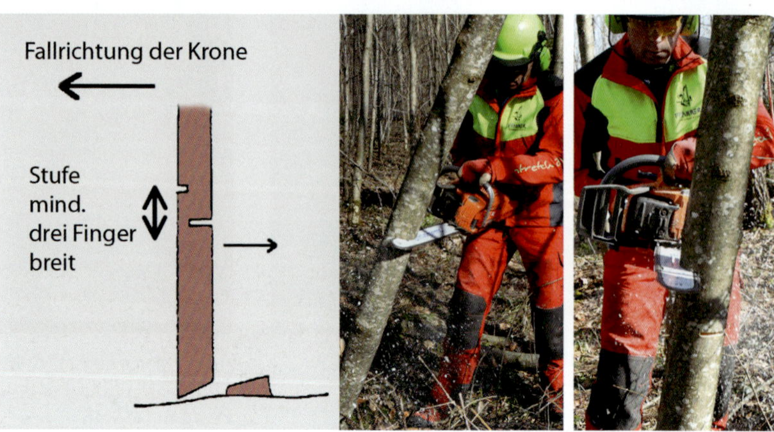

Abb. 159. Der Klappenschnitt wird von der Druckseite her mit auslaufender Kette begonnen. Der zweite Schnitt wird höhenversetzt von der Gegenseite geführt.

Abb. 160. Von Schnitt zwei her kommend wird der Baum umgedrückt. Um ein Einklemmen der Hand zu vermeiden, unbedingt oberhalb des zweiten Schnittes ansetzen.

ein Drittel vom Stammdurchmesser tief. Wichtig ist, dass sich beide Schnitte überlappen. Jetzt können Sie den Baum vom Schnitt zwei her umdrücken. Dabei löst er sich aus dem Kronenbereich der anderen Bäume (Abb. 160). Drücken Sie oberhalb von Schnitt zwei, damit Sie sich nicht die Hand einklemmen. Achtung: Der Baum fällt beim Drücken um.

9.2 Schnitttechnik über 12,0 cm BHD

Ist der BHD größer als 12,0 cm, müssen Sie den Baum mit einem Fallkerb und einem Fällschnitt fällen. Wenn Sie dabei die Fällhilfe einsetzen, kommt der sogenannte versetzte Fällschnitt zur Anwendung. Diesen nehmen sie folgendermaßen vor:

Visieren Sie über die Visierlinie an der Motorsäge die genaue Fällrichtung an und beginnen Sie zuerst mit dem Dachschnitt. Der Fallkerbdachwinkel beträgt etwa 70 bis 80 Grad und der Motorsägenführer stützt sich während dem Sägen am stehenden Baum ab. Der zweite Schnitt ist dann der Sohlenschnitt. Dabei ist wichtig, dass sich beide Schnitte treffen. Überprüfen Sie nach der Fallkerbanlage nochmals die Fällrichtung. Bevor Sie mit dem Fällschnitt beginnen, kommt der erste Achtungsruf mit Rundumblick. Dann wird der Fällschnitt mit auslaufender Kette in kniender oder in gebeugter Position auf zwei Drittel des Stammdurchmessers geführt (Abb. 161). Achten Sie darauf, dass Sie mit dem linken Knie auf dem Boden sind oder bei gebeugter Position mit dem linken Bein außerhalb des Schwenkbereichs der Motorsägenschiene. So ist im Falle eines plötzlichen Kick-back das linke Bein nicht im Schwenkbereich der Motorsägenschiene.

Wenn Sie eine Fällhilfe dabei haben, stecken Sie diese jetzt in den Zwei Drittel-Fällschnitt. Achten Sie darauf, dass die Fällhilfe richtig

Abb. 161. Der Fällschnitt wird mit auslaufender auf zwei Drittel des Stammdurchmessers geführt.

sitzt. Im Handel gibt es eine kleine Fällhilfe mit 80 cm Länge und eine große Fällhilfe mit 130 cm Länge. Beide sind laut Unfallverhütungsvorschrift (UVV) als Fällhilfen bis 25 cm Brusthöhendurchmesser und zum Wenden bis 35 cm zugelassen. Ferner ist es wichtig, dass Sie mit geradem Rücken und aus den Oberschenkeln heraus den Baum umdrücken/umhebeln (Abb. 162).

Besitzen Sie keine Fällhilfe, können Sie auch ohne weiteres einen Keil in den Zwei Drittel-Fällschnitt hineinschlagen. Jetzt kommt der zweite Achtungsruf mit Rundumblick. Der Fällschnitt darf aber nicht im gleichen Schnitt weitergeführt werden. Laut UVV darf die Fällhilfe, die aus Eisen ist, nicht auf die Motorsägenkette treffen. Das verbliebene Drittel Holz wird daher in einem versetzten Schnitt schräg von oben bis an die Bruchleiste durchtrennt (Abb. 163).

Die zwei Schnitte sollen sich etwas überlappen, damit die Fasern durchtrennt sind. Dann wird der Baum umgedrückt/gehebelt oder gekeilt. Wenn der Baum fällt, schnell zurücktreten und auf dem Rückweichenplatz nach oben schauen, bis die Kronen ausgeschwungen haben (Abb. 164).

Auch im Schwachholz ist es wichtig, dass Sie die Bruchleiste und Bruchstufe sauber ausformen und zwar jeweils ein Zehntel des Baumdurchmessers.

Am Schluss sollte die Selbstkontrolle des Stockes erfolgen. Stimmen alle Maße:

- Fallkerbtiefe ein Fünftel bis ein Viertel,
- Bruchleiste ein Zehntel,
- Bruchstufe ein Zehntel,
- erster Fällschnitt zwei Drittel und
- zweiter Fällschnitt ein Drittel des Stammdurchmessers (Abb. 165).

Abb. 162. Mit geradem Rücken kommt die Kraft zum Umdrücken aus den Oberschenkeln.

Abb. 163. Mit einem versetzen Schnitt schräg von oben wird das Holz bis zur Bruchleiste durchtrennt.

Abb. 164. Beim fallenden Baum sofort die Rückweiche aufsuchen.

Abb. 165. Das Stockbild zeigt, ob alle Schnitte richtig geführt wurden.

9.3 Ringeln

Wird der Bestand durch das Fällen eines Baumes stark beschädigt, kann dieser geringelt werden. Diese Bäume sind oft vom Vorbestand übernommen (Vorwüchse) und müssen jetzt in der Bestandespflege gefällt werden. Meistens sind es Bäume von schlechter Qualität, stark-astig, vorwüchsig und mit einer großen Krone (Protzen beim Nadelholz, Wölfen im Laubholz). Diese Bäume liefern dem Waldbesitzer nur Brennholz und beinträchtigen das Wachstum der wertvollen Bäume.

Um beim Fällen eines solchen Baumes den Bestand zu schonen, kann dieser geringelt werden. Dabei werden die Rinde und das Kambium vollständig mit der Motorsäge, der Ringelkette oder dem Kambiflex entfernt (Abb. 166).

Durch das Ringeln stirbt der Baum langsam ab, bleibt dem Bestand bis zum Zusammenbrechen erhalten und es entsteht kein Schaden. Diese Technik sollte nur in Einzelfällen angewendet werden, da der abgestorbene Baum nur langsam zusammenfällt und in der nächsten Maßnahme eventuell eine Gefahr für den Motorsägenführer darstellt. Um Spaziergänger nicht zu gefährden, sollte diese Technik auch nicht im Bereich von Waldwegen angewandt werden. Hier sollte mindestens eine Baumlänge Abstand zum Weg eingehalten werden.

Abb. 166. Beim Ringeln mit der Kette oder Motorsäge muss die Rinde vollständig entfernt werden. In der Folge stirbt der Baum allmählich ab.

10 Durchforstung

Nach der Bestandespflege folgt die Durchforstung. Bei dieser Maßnahme fällt das erste verwertbare Holz an. Hier stellt sich die Frage, ob diese Maßnahme motormanuell oder vollmechanisiert durchgeführt wird. Bei der motormanuellen Holzernte müssen verschiedene Schnitttechniken angewandt werden.

Diese Schnitttechniken finden Sie anschaulich beschrieben im Buch „Sachkundenachweis Motorsäge", ISBN 978-3-8001-7420-1, erschienen im Verlag Eugen Ulmer.

Der Bestand muss vor der Maßnahme ausgezeichnet und erschlossen werden. Die Erschließung mit Rückegassen und Maschinenwegen (siehe Kapitel 11) erfolgt in der Regel vor der Z-Baumauswahl. Durch die Markierung von Rückegassen, Z-Bäume und ausscheidendem Bestand kann bestandesschonender gefällt und gerückt werden. Diese Markierungen werden deutlich und von allen Seiten sichtbar mit unterschiedlichen Farben an den Bäumen angebracht.

Die Durchforstung wird außerhalb der Saftzeit der Bäume durchgeführt, dann kann das Rücken des aufgearbeiteten Holzes bei trockener Witterung und Frost erfolgen. Dadurch werden Bestand, Rückegassen und Waldwege geschont. Beim Laubholz sollten Sie mit der Durchforstung erst beginnen, wenn das Laub abgefallen ist. Dadurch verringert sich das Kronengewicht und die Baumbeurteilung kann besser durchgeführt werden.

Vor Beginn der Maßnahme müssen Sie wissen, wie das anfallende Holz ausgehalten wird. Dies erfolgt bei Selbstvermarktung in Absprache mit dem Holzkäufer beziehungsweise mit dem zuständigen Revierleiter. Dabei sind Länge, Zumaß, Mittendurchmesser und Aufarbeitungszopf des Stammes wichtig.

10.1 Methoden der Durchforstung

Bei der Durchforstung werden verschiedene Methoden angewendet:

Von einen **Niederdurchforstung** spricht man, wenn man aus dem Zwischen- oder Unterstand Bäume entnimmt, die natürlich absterben würden. Dabei wird in die herrschende Schicht nur eingegriffen, wenn sich dort schlecht veranlagte Bäume befinden, sonst bleibt die herrschende Schicht ohne Eingriff.

Bei der **Hoch- beziehungsweise Auslesedurchforstung** wird frühzeitig in die herrschende Schicht eingegriffen. Diese beginnt zwischen 15 und 20 m Oberhöhe bei allen Baumarten. Durch die Auslesedurchforstung kommen mehr Licht, Wasser und Wärme auf den Boden. Dadurch verändert sich das Bestandesklima, was sich günstig auf den Zwischen- und Unterstand auswirkt.

Bei diesem Pflegeeingriff kommen bereits die ersten verkaufsfähigen Sortimente auf den Markt oder das eigene Brennholz kann aufgearbeitet oder verkauft werden. Durch diese Pflegeeingriffe bekommt der Z-Baum gezielt mehr Licht, Wasser, Nährstoffe und Standraum. Dabei ist jetzt der Zeitpunkt erreicht (Qualifizierungsphase beendet), in der durch die Bedrängerentnahme der Z-Baum sein Höhenwachstum verlangsamt und der Stamm in die Dicke wachsen soll (Dimensionierungsphase).

Wenn die Dimensionierungsphase erreicht wird, gibt es keine Verschiebung des Kronenansatzes nach oben mehr. Die Krone bekommt jetzt so viel Platz, dass sie sich nach allen Seiten gleichmäßig ausbreiten kann. Der Anteil der grünen Krone soll mindestens 30 bis 50 % der Gesamthöhe des Baumes betragen. Da die Kronenvitalität im Alter der Bäume unterschiedlich ist, können die Bäume ihre Krone nicht mehr vergrößern, wenn man sie nicht rechtzeitig freistellt. Deshalb soll die Eingriffsstärke so gewählt werden, dass die Krone immer Platz zu den Nachbarkronen hat, damit sie sich weiter entwickeln kann, denn dies ist der Zuwachsmotor des Baumes. Die Eingriffe sollten in gleichmäßig wiederkehrenden Abständen erfolgen (siehe Kapitel 8). Achten Sie aber darauf, dass der Bestand nicht labil wird (Sturm).

Bei der Lichtwuchsdurchforstung wird der Z-Baum so stark freigestellt, dass sich die Kronen nicht mehr berühren und dadurch in der Krone keine Äste mehr absterben. Diese Durchforstungsart kann nach der Qualifizierungsphase bei Baumarten angewendet werden, die diese Freistellung ausnützen können, beispielsweise bei der Buche. Die Krone kann sich dann vergrößern und der Stamm wächst in die Dicke. Dabei dürfen der Jahrringaufbau und die Holzqualität keine Rolle spielen.

Durch das dauerhafte Freistellen der Z-Baumkrone beim Laubholz sterben keine Äste mehr in der Krone ab und durch die große vitale

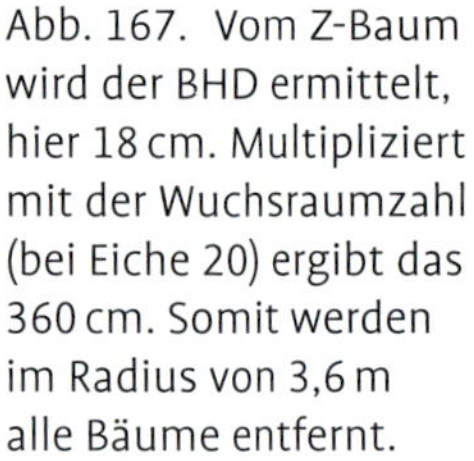

Abb. 167. Vom Z-Baum wird der BHD ermittelt, hier 18 cm. Multipliziert mit der Wuchsraumzahl (bei Eiche 20) ergibt das 360 cm. Somit werden im Radius von 3,6 m alle Bäume entfernt.

Krone wird das Krankheitsrisiko verringert. Der astfreie Stamm kommt so schneller in den angestrebten Zieldurchmesser und das Risiko von schlechten Qualitäten wird gering gehalten. Bei der Rotbuche zum Beispiel erhöht sich ansonsten im zunehmenden Alter das Risiko zur Rotkernbildung.

Nach der Z-Baumauswahl können Sie die Anzahl der Bedränger mit der sogenannten Wuchsraumzahl ermitteln (Abb. 167). Dabei wird mit einer Kluppe der Brusthöhendurchmesser (BHD) gemessen, multipliziert mit der Wuchsraumzahl (Eiche 20, Buntlaubholz und Buche 25), ergibt den Radius um den Z-Baum, in dem alle Bäume entfernt werden. Diese Methode ist oft hilfreich, wenn man sich nicht sicher ist, ob ein Baum, der an der Grenze steht, noch weg muss oder nicht.

10.2 Die Vorratspflege

Die Vorratspflege verfolgt das Ziel, die Wuchskraft und die Leistungsfähigkeit der Z-Bäume bis zur Zieldurchmesserernte und die Stabilität des Nebenbestandes zu erhalten. Dabei werden hauptsächlich kranke und beschädigte Bäume entnommen, egal ob es Z-Bäume sind oder Bäume aus dem Nebenbestand. Die Schäden können durch Immission, Insektenbefall, Krankheit (Mistelbefall bei der Tanne, Rotfäule bei der Fichte oder Schleimfluss bei der Buche, ...) entstehen.

Bei der Vorratspflege richtet sich der Blick auch auf die aufkommende und standortgerechte Naturverjüngung. Diese wird dann über den sogenannten Schirm-, Saum- oder Femelschlag gezielt gefördert. Dadurch werden die Bäume weit vor der Ernte als Samenbäume genutzt und der Bestand kann sich selbst verjüngen. Diese Formen zur natürlichen Verjüngung eines Bestandes gehen über einen längeren Zeitraum. Der Altbestand löst sich langsam über mehrere Jahre hinweg auf bis nur noch der Jungbestand übrig ist.

10.2.1 Der Saumhieb

Beim Saumhieb beginnen Sie am Rand des Bestandes mit der Auflichtung. Fällen Sie die Bäume in Richtung Rückegasse, um die Naturverjüngung zu schonen. Erst wenn sich die gewünschten Baumarten angesamt haben, kann der nächste Streifen aufgelichtet werden. Jetzt fällen Sie die Bäume Richtung Altbestand. Der Bestand verjüngt sich stufenweise. Je weiter Sie in den Altbestand kommen, umso jünger und kleiner ist die Naturverjüngung.

10.2.2 Der Femelhieb

Beim Femelhieb wird der Bestand ganz unterschiedlich stark aufgelichtet. Dadurch können sich je nach Lichtverhältnissen die Baumarten verjüngen. In diesem Bestand findet man dann Lichtbaumarten, Halbschattbaumarten und Schattbaumarten.

10.2.3 Der Schirmschlag

Beim Schirmschlag wird der Bestand auf ganzer Fläche gleichmäßig aufgelockert, dadurch sind die Bedingungen sehr gleichmäßig. Es entsteht ein gleichmäßiger Jungbestand mit schattertragenden Baumarten (zum Beispiel Buche, Fichte oder Tanne).

Welches Verfahren Sie anwenden, hängt von der örtlichen Gegebenheit und Ihrem Bestand ab. Die langen Umtriebszeiten der Baumarten bedingen ein generationenübergreifendes Bewirtschaften. Die Nachhaltigkeit der durchgeführten Maßnahmen, etwa dass bei jeder Holzernte nur so viel entnommen wird wie zuwächst, sichert den Erhalt des Wirtschaftswaldes.

10.2.4 Der Plenterwald

In einem Plenterwald stehen Bäume mit den unterschiedlichsten Dimensionen, die einzelstammweise bis kleinflächig gemischt sind. Ein Plenterwald besteht häufig aus einem Mischbestand aus Tanne, Buche und Fichte. Tanne und Buche sind dabei sehr schattertragend und können sehr lange im Unterstand stehen. Sie können dank ihrer Wuchsdynamik auch noch im hohen Alter auf Licht reagieren. Daher können Tanne und Buche aus dem Unterstand in die Oberschicht wachsen, sobald sie Licht bekommen. Ein Eingriff im Plenterwald erfolgt auf ganzer Fläche unterschiedlich stark und es werden nur wenige Altbäume gefällt, welche die Umtriebszeit oder den Zieldurchmesser erreicht haben.

11 Erschließen eines Bestandes

Weil flächiges Befahren die Struktur von Waldböden auf Jahrzehnte schädigen kann, sollten alle Maschinenbewegungen auf Rückegassen beschränkt bleiben. Das heißt, ein Waldbestand muss durch ein gleichmäßiges und geplantes Netz solcher Rückegassen erschlossen werden. Das sollte bereits vor der Auswahl von Z-Bäumen geschehen. Erfolgt dies erst danach, kommt es häufig vor, dass die neuen Rückegassen direkt an vorhandenen Z-Bäumen vorbeiführen (Abb. 168). Diese Bäume können dann bei späteren Holzerntemaßnahmen beschädigt werden.

11.1 Anlegen von Rückegassen

Die Rückegassen werden nach der Anlage dauerhaft markiert, damit sie bei jeder Holzerntemaßnahme wieder benützt werden. Sie werden in der Regel nicht befestigt, außer die Rückegasseneín- beziehungsweise -ausfahrt führt über einen tiefen oder wasserführenden Graben (Abb. 169).

Abb. 168. Bei nachträglicher Erschließung stehen ungewollt Z-Bäume an der Rückegasse.

Abb. 169. Ungeschützte Gräben werden beim Überfahren schnell geschädigt.

Abb. 170. Rückegasseneinfahrt mit Kunststoffrohren.

Eine Möglichkeit in solchen Fällen für eine Befestigung zu sorgen ist, Beton- oder Kunststoffrohre in der Breite der Ein- beziehungsweise Ausfahrt einzubauen und diese mit gebrochenem Kies abzudecken (Abb. 170).

Eine andere Variante ist, während des Befahrens der Rückegasse Holzstämme in den Graben zur Überfahrt einzulegen und diese hinterher wieder zu entfernen.

Rückegassen sollen ohne Hindernisse wie hohe Stöcke, große Steine und dergleichen sein und so freigehalten werden, dass eine dauerhafte Befahrung möglich ist. Bei hohem Aufkommen von Naturverjüngung kann ein Mulchen der Rückegasse notwendig werden. Dadurch wird die Begehbarkeit der Fläche verbessert und Schäden am Schlepper lassen sich vermeiden. Außerdem kann im Notfall ein Verletzter leichter geborgen werden.

Sind in Ihrem Bestand schon einzelne alte Rückegassen vorhanden, sollten Sie diese in eine weitere Erschließung integrieren.

Rückegassen werden systematisch je nach Boden, Gelände, Alter und Holzernteverfahren in einem Abstand von 20 bis 60 m angelegt. Eine Variante könnte folgendermaßen aussehen: Vor der Z-Baumauswahl werden alle 20 m Rückegassen angelegt und jede Holzerntemaßnahme wird vollmechanisiert bis zu einem BHD von 30 bis 40 cm durchgeführt. Ab 40 cm BHD wird jede zweite Rückegasse stillgelegt. Das heißt, der Abstand der Rückegassen erhöht sich jetzt auf 40 m und das anfallende Holz wird motormanuell aufgearbeitet.

Bei der Rückegassenanlage spielt die Hangneigung eine große Rolle. Die heutigen Maschinen können mit Last bergab bis etwa 30 % Hangneigung und bergauf bis zirka 15 % bewältigen.

Vermeiden Sie bei der Anlage eine Querneigung der Rückegasse über 5 %. Ansonsten kann die Rückemaschine beim Fahren und Beladen des Rungenkorbes durch die Schwerpunktverlagerung seitlich abrutschen und kippen. Außerdem würden die transportierten Stämme durch die Schräglage immer die Randbäume beschädigen.

Da ein Wenden in den Rückegassen nicht möglich ist, sollten Sie Querverbindungen schaffen. Am Hang muss je nach Hangneigung auf der Hangoberseite beziehungsweise der Hangunterseite ein Weg oder eine Rückegasse vorhanden sein. Auf der Ebene kann auch eine Erschließung über Sackgassen erfolgen, wenn keine Querverbindungen möglich sind. Wichtig ist, dass beim Langholz (10 bis 20 m) die Fällrichtung zur Rückegasse hin exakt eingehalten wird, damit das Holz bestandesschonend gerückt werden kann.

Oft werden die Rückegassen bei der Erstanlage zu schmal gemacht. Bei der Erstanlage bekommen die Randbäume dann mehr Platz. Sie entwickeln sich in der Folge stärker, sind so vitaler, stabiler und bilden in der Regel durch den Raum zur Rückegasse einen Waldinnentrauf aus. Die Rückegasse wird so durch den jährlichen Zuwachs über Jahrzehnte immer schmaler. Durch Befahren, breiter werdende Maschinen und beim Rücken werden die Randbäume dann häufig im Bereich der Wurzel und des Wurzelanlaufs beschädigt. Solche Beschädigungen begünstigen das Entstehen von Holzfäulen, zum Beispiel der Rotfäule bei der Fichte. Eine Folge ist die Holzentwertung auf den ersten 4,0 bis 5,0 m.

Abb. 171. Ein ausreichender Abstand zum Rückegassenrand vereinfacht künftige Bewirtschaftungsmaßnahmen.

Abb. 172. Rückegassen sollte möglichst geradlinig geführt sein.

Abb. 173. Durchgebrochene Rückgasse, in der regelmäßig Wasser in der Fahrspur steht.

Ein weiterer Effekt von zu schmalen Rückegassen ist, dass vor der nächsten Holzerntemaßnahme oft zuerst die Rückegassen verbreitert oder die beschädigten Bäume aus dieser Zone entnommen werden müssen. Im Ergebnis verschlechtert diese Entnahmen die Stabilität eines Bestandes. Um solche Beeinträchtigungen zu vermeiden, sollten Rückegassen von Anfang an etwa 4,0 bis 6,0 m breit sein (Abb. 171).

Ein weiterer wichtiger Punkt ist, dass die Linienführung so gerade wie möglich ist (Abb. 172). Dies erreichen Sie nur, wenn die Rückegassen konsequent mit dem Kompass angelegt werden. Bei der Kurzholzbringung bis 5,0 m Länge mit einem Vorwarder macht sich eine fehlende gerade Linienführung nicht bemerkbar. Wenn später aber Langholz gerückt wird, sind die Beschädigungen an den Randbäumen der Rückegasse deutlich höher.

Der Boden spielt beim Befahren der Rückegasse mit den Rückemaschinen eine große Rolle. Es gibt Böden, die auf ein Befahren sehr empfindlich reagieren (Moorböden, sehr hoher Tonanteil im Boden) und Böden, die nicht empfindlich sind, etwa ein steiniger Untergrund und Böden mit hohem Sandanteil. Berücksichtigen Sie deshalb beim Rücken des Holzes auch die Witterung. Die wenigsten Schäden gibt es, wenn der Boden trocken und gefroren ist (Abb. 173).

11.2 Anlegen von Lager- und Polterplätzen

Im Zuge der Bestandeserschließung werden die noch fehlenden Polterplätze angelegt. Haben Sie bei der Pflanzung einen ausreichenden Abstand von Waldwegen eingehalten (siehe Kapitel 2.3), müssen Sie diese Flächen nur noch freisägen. Wurde bei der Pflanzung nicht daran gedacht, müssen Sie bei der Anlage der Polterplätze verschiedene Punkte beachten.

Nach der Holzerntemaßnahme muss das aufgearbeitete Stammholz auf geeignete Lager- beziehungsweise Polterplätze gerückt werden. Diese sollten möglichst trocken, befahrbar und ohne Bewuchs (Sträucher) sein. Lagern Sie Ihr Holz so, dass es gut vom Holzkäufer

Abb. 174. Kurzholz sollte nicht zwischen zwei Bäumen gelagert werden, sonst könnte deren Rinde beschädigt werden.

Abb. 175. Polterbäume können mit einem Brett geschützt oder alternativ auf etwa 1,0 m Höhe abgesägt werden.

besichtigt und mit dem LKW abgefahren werden kann. Je nach Hiebsmasse brauchen Sie ausreichend große und genügend Lager- oder Polterplätze.

Beachten Sie beim Langholz, dass der Polterplatz eine ausreichende Länge aufweist und nicht in einem Kurvenbereich liegt. Kurzholz sollten Sie nicht zwischen zwei Bäumen poltern, damit die Randbäume beim Verladen nicht beschädigt werden (Abb. 174).

Wird das Holz maschinell entrindet, ist es wichtig, dass vor dem ersten zu entrindenden Polter in Arbeitsrichtung genügend Fläche frei ist, um dort das entrindete Holz abzulegen. Rechnen Sie zur Stammlänge noch 3,0 bis 4,0 m mehr Platz ein. Legen Sie Ihre Lager- und Polterplätze nie unter Stromleitungen an. Bedenken Sie bei Lagerplätzen auf Wiesen oder Äcker, dass das Holz rechtzeitig vor dem Frühjahr abgefahren werden muss. Ferner ist es wichtig, dass der Lager- beziehungsweise Polterplatz nicht zu tief ist, da die Kranweite in der Regel etwa 6,0 m ab Fahrzeugmitte beträgt.

Bei der Anlage von Lager- und Polterplätzen dürfen Sie Gräben und Dolen nicht beschädigen oder ihre Funktion beeinträchtigen. Um den dahinter liegenden Bestand zu schützen, empfiehlt es sich, die Polterbäume mit einem Brett zu schützen oder die Polterbäume auf etwa 1,0 m Höhe abzusägen (Abb. 175). Wählen Sie die Anlage der Lager- und Polterplätze so, dass sie mehrmals verwendet werden können.

Die gängigste Variante ist dabei, ein Sortiment auf einem Haufenpolter zu poltern. Auch die sogenannten Abrollpolter, die an abfallenden Böschungen oder Talseiten an Hangwegen angelegt werden, kommen in der Praxis häufig vor. Diese zwei Polterarten kommen mit wenig Platz aus und sind bei der Anlage kostengünstig.

12 Borkenkäfer-Monitoring

In Europa gibt es etwa 100 verschiedene Borkenkäferarten. Sie befallen entweder Nadel- oder Laubholz, nur einzelne Arten befallen Nadel- und Laubholz. Diese 1,0 bis 5,0 mm großen Käfer schädigen alle Teile des Baumes (Wurzel, Stamm, Äste) außer Blätter und Blüten. Sie sind also auf das Holz des Baumes angewiesen, kommen in allen Altersklassen im Wald vor und können dort Schäden verursachen (Kulturen, Dickung, Jungwuchs, Gestänge, Baumholz und Altholz). Die Schäden entstehen je nach Borkenkäferart durch Larven- und Reifungsfraß.

12.1 Biologie der Borkenkäfer

Der Borkenkäfer lebt die meiste Zeit in der Rinde oder im Holz, außer in der Schwärmzeit von März bis September. Die Schwärmhäufigkeit ist abhängig von der Borkenkäferart, der Witterung (Temperatur) und der Menge des brutfähigen Materials.

Durch Klimaveränderung und Witterungsextreme werden die Bedingungen für den Borkenkäfer immer besser. Häufig sind Frühjahr, Sommer und Herbst zu trocken, zu mild oder zu heiß und der Winter ist oft frostfrei und kurz. In Verbindung mit Unwetterereignissen (Sturm, Hagel, Schneebruch) sind das optimale Voraussetzungen für eine Massenvermehrung.

Je nach Borkenkäferart und Witterungsverlauf gibt es eine bis drei Generationen pro Jahr. Die Entwicklungsdauer ist je nach Borkenkäferart unterschiedlich lange. Es gibt Arten, die für ihre Entwicklung vom Ei bis zum fertigen Käfer ein Jahr und solche, die nur sechs bis acht Wochen benötigen.

Der Borkenkäfer tritt in der Regel als Zweitschädling auf. Er befällt brutfähiges Material von der Holzerntemaßnahme im Winter, nicht abgefahrenes Holz und geschwächte und kranke Bäume. In Ausnahmefällen tritt er als Erstschädling auf, etwa wenn genügend Brutmaterial nach Sturmkatastrophen (1990 Wibke, 2000 Lothar, 2007 Kyrill oder Sonja 2020) oder nach Trockenjahren (2003, 2018, 2019) vorhanden ist. Der Massenanfall von Schadholz und die optimale Witterung unterstützen eine schnelle Entwicklung. Es kommt dann in den darauf folgenden Jahren zu einer Massenvermehrung.

Der Borkenkäfer kann als Larve oder Puppe in der Rinde von befallenen Bäumen beziehungsweise als Käfer in der Rinde oder im Boden und der Bodenstreu überwintern.

Im März bei einer Temperatur von zehn bis zwölf Grad Celsius schwärmen die ersten Borkenkäferarten (Großer Waldgärtner, Gestreifter Nutzholzborkenkäfer, ...). Der Großteil der Borkenkäferarten schwärmt im April bei einer Temperatur von 16 bis 18 Grad Celsius (Buchdrucker, Kupferstecher, Krummzähniger Tannenborkenkäfer, ...). Außerdem gibt es noch die Spätschwärmer (Sechszähniger Kieferborkenkäfer, Doppeläugiger Fichtenbastkäfer), die Anfang Mai mit Schwärmen beginnen.

Die größte Gefahr für den Wald geht von den Borkenkäferarten aus, die in der Lage sind, bei günstiger Witterung durch ihre kurze Entwicklungszeit (sechs bis acht Wochen) eine bis drei Generationen pro Jahr auszubilden. Die Entwicklungsdauer von der Eiablage bis zum Käfer hängt also stark vom brutfähigen Material und der Witterung (Temperatur) ab.

Die Brutentwicklung findet je nach Borkenkäferart in der Rinde oder im Holz statt. Bei der Brutentwicklung in der Rinde wird die Bastschicht zerstört. Diese ist für den Transport von Wasser samt der darin gelösten Nährstoffen von der Krone zur Wurzel verantwortlich.

Ist der stehende Baum nicht geschwächt, werden die Borkenkäfer beim Einbohren mit Harz verklebt und sterben ab (Abb. 176). Ist der Baum zu schwach, stirbt dieser in der Regel ab.

Das typische Erkennungsmerkmal für die Rindenbrüter ist der Auswurf von braunem Bohrmehl. Der bekannteste Rindenbrüter ist der Buchdrucker an der Fichte. Sein Befall führt beim Holzverkauf durch die Holzverfärbung (Bläue oder Rotstreifigkeit) zu einem Wertverlust. In der Regel verschiebt sich die Güteklasse von B nach C (Abb. 177).

Bei den Holzbrütern findet die Brutentwicklung im Splintholz des Baumes statt. Der Splintbereich ist für den Transport für in Wasser gelöste Nährsalze von der Wurzel zur Krone zuständig. Dieser Befall führt

Abb. 176. Mit Harzfluss wehrt sich der Baum gegen den Eindringling.

Abb. 177. Braunes Bohrmehl in den Rindenschuppen oder auf dem Bodenbewuchs ist das typische Merkmal für Rindenbrüter.

Abb. 178. Weißes Bohrmehl verrät die Anwesenheit des bekanntesten Holzbrüters, des Gestreiften Nutzholzborkenkäfers. Die schwarzen Bohrgänge im Splintholz verursachen einen Wertverlust des Holzes.

zu einem technischen Holzschaden, da dort der Splintbereich beschädigt ist. Die Holzbrüter befallen absterbende und frisch geschlagene Bäume, die noch eine gewisse Holzfeuchtigkeit besitzen. Je nach Befallsdichte am Stamm kommt es zu einem erheblichen Wertverlust (Preisabschlag) durch die schwarzen Bohrgänge im Splintholz, die bis zu 5,0 cm in die Tiefe gehen. In der Regel verschiebt sich die Güteklasse B nach C oder sogar nach D. Das typische Erkennungsmerkmal für einen Holzbrüter ist der Auswurf von weißem Bohrmehl (Abb. 178).

Da Borkenkäfer in Waldbeständen immer vorhanden sind und bei der Suche nach bruttauglichem Material auch größere Strecken zurücklegen, besteht immer die Gefahr, dass Bestände vom Borkenkäfer befallen werden. Dieses Gefahrenpotenzial wird noch durch die hohe Anpassungsfähigkeit des Borkenkäfers unterstützt, da dieser bei kühler Witterung seine Aktivitäten (Eiablage, Flug) einstellt und bei warmer Witterung sofort wieder aufnimmt. Darum sollte man gefährdete Bestände ab der Schwärmzeit regelmäßig absuchen und aufmerksam beobachten, um eine Massenvermehrung zu verhindern. Bei einer Massenvermehrung werden auch gesunde stehende Bäume befallen.

Typischer Verlauf einer Massenvermehrung

Die Buchdrucker-Elterngeneration befällt im Frühjahr einen liegenden, bruttauglichen Baum. Nach sechs bis acht Wochen fliegt die erste Generation bei optimaler Witterung aus. Diese erste Generation befällt etwa 20 Bäume und bringt diese zum Absterben. Entwickelt sich dann noch die zweite Generation, werden bei optimaler Witterung rund 400 Bäume befallen und zum Absterben gebracht.

12.2 Gefährdete Baumarten und Bestände

Viele Fichtenbestände sind nicht standortgerecht begründet worden und der Klimawandel sowie Witterungsextreme unterstützen die Massenvermehrung des rindenbrütenden Buchdruckers. Dieser befällt Fichtenbestände vom Baumholz bis zum Altholz (Abb. 179).

Da viele, insbesondere nicht standortgerechte Waldbestände witterungsbedingt (Sturm, Hagel, Schnee) aufgerissen sind, hat sich das Waldinnenklima verändert. Es ist deutlich wärmer als in einem geschlossen Waldbestand. In den Waldbeständen findet man häufig untersonnte Bestandesränder und Waldwege. Die Stressanfälligkeit der Bäume steigt, wenn Wasser und Nährstoffe fehlen. Die geschwächten Bäume haben daher keine ausreichende Abwehrkraft mehr gegen den Angriff des Buchdruckers.

Deshalb sollten Sie im zeitigen Frühjahr alte Käferlöcher aus dem Vorjahr auf Befall und den restlichen Bestand auf kranke, beschädigte, abgebrochene, angeschobene und geworfene Bäume kontrollieren. Wenn Sie solche Bäume in Ihrem Bestand finden, müssen diese sofort aufgearbeitet, gerückt und verkauft werden. So verhindern Sie, dass bruttaugliches Material im Bestand liegt, wenn die Schwärmzeit beginnt (Abb. 180).

Abb. 179. Buchdruckerbefall im Fichtenbaumholz.

Abb. 180. Liegen gelassene Kronen sind bruttaugliches Material. Schaut man unter die Rinde, sieht man die Anlage von Rammelkammer und Muttergang.

Danach werden die gefährdeten Bestände (untersonnte Bestandesränder, Wegränder, gestresste Bestände, Sturm-, Käfer-, und Schneebruchlöcher, Bestände vom Baumholz bis zum Altholz) regelmäßig kontrolliert.

Bruttaugliches Material findet sich oft in Beständen, die erst gegen Ende des Winters durchforstet wurden. Dort liegen grüne Kronen im Bestand und das aufgearbeitete Holz lagert noch auf dem Polterplatz. Dadurch sind solche Bestände in einem warmen Frühjahr durch den Befall von Buchdrucker (Rindenbrüter) beziehungsweise das gepolterte Holz durch den Gestreiften Nutzholzborkenkäfer (Holzbrüter) gefährdet.

12.3 Erkennen von befallenen Bäumen

Bei der Kontrolle der gefährdeten Bestände ist es hilfreich, wenn Sie ein Fernglas und ein Schäleisen mitführen. Den stehenden Befall erkennt man an folgenden Merkmalen:

- Sieht man vom Kronenansatz nach unten am Stamm Harzfluss oder Harztröpfchen, sind dies Abwehrversuche gegen den Buchdrucker. Der Baum wehrt sich beim Einbohren des Buchdruckers mit Harz (Abb. 176).
- Sieht man am Boden, auf Spinnweben, auf dem Bodenbewuchs oder in den Rindenschuppen braunes Bohrmehl, so ist der Baum befallen. Dies kann man aber nur bei trockener und windstiller Witterung erkennen (Abb. 177).

Abb. 181. Gelöste Rindenschuppen oder abgeplatzte Rindenstücke an der Fichte signalisieren, dass der Käfer schon ausgeflogen ist.

Abb. 182. Verfärbt sich die Krone rötlich und liegen viele Nadeln am Boden, ist der Baum befallen.

Abb. 183. Bohrlöcher im Stamm weisen auf den Befall mit Buchdrucker hin. Mit dem Schäleisen lässt sich dessen Entwicklung erkennen (Larven weiß, Jungkäfer hellbraun, Altkäfer schwarz).

- Sieht man an der Rinde helle Flecken (Spiegel) oder sind abgeblätterte Rindenschuppen oder ganze Rindenstücke vom Baum auf den Boden gefallen, dann ist der Käfer in der Regel schon ausgeflogen (Abb. 181).
- Hat sich die Krone rotbraun von unten nach oben verfärbt, liegen Nadeln auf dem Boden und auf dem Bodenbewuchs, ist der Baum befallen (Abb. 182).
- Befinden sich auf Augenhöhe beziehungsweise am liegenden Stamm Bohrlöcher, können Sie mit einem Schäleisen die Entwicklung des Buchdruckers bestimmen (Abb. 183).

In all diesen Fällen stirbt der Baum in der Regel ab.

12.4 Maßnahmen zur Bekämpfung

Haben Sie den Befall rechtzeitig entdeckt, werden die befallenen Bäume sofort eingeschlagen. Solange die Larven und Puppen noch im weißen Stadium sind, können Sie den Baum im Bestand entrinden, die Puppen und Larven sterben ab. Sind in der Rinde bereits Jungkäfer vorhanden, sollten Sie das Holz zügig aufarbeiten, rücken und eventuell maschinell entrinden. Eine Lagerung außerhalb des Waldstücks oder in einem Laubholzbestand, der weit genug entfernt ist, sollte in Betracht gezogen werden, genauso wie eine sofortige Abfuhr ins Sägewerk oder ins Nasslager. Ist dies alles nicht möglich, können Sie das befallene Holz auf dem Polter mit einer Vorausflugspritzung behandeln. Hierbei müssen die entsprechenden Sicherheits- und Anwendungsbestimmungen beachtet werden.

12.5 Aufstellen von Fallen

Die Käferfallen werden in der Regel nur zur Überwachung der Schädlingsaktivitäten in Freiflächen, Kulturen, untersonnten Fichtenaltbeständen, frisch geräumten Schlagflächen, Bestandeslücken, Käfer-, Sturm-, Schneebruchlöchern, Wegrändern und Schneisen aufgestellt. Der Fallenstern, der mit drei Fallen bestückt ist, wird so aufgestellt, dass die Einflugschneise frei von Bewuchs ist (Abb. 184). Er sollte in

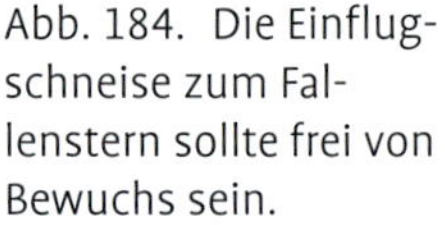

Abb. 184. Die Einflugschneise zum Fallenstern sollte frei von Bewuchs sein.

gesunden Beständen einen Abstand von 10,0 m und in geschwächten Beständen einen Abstand von 15,0 m zum nächsten Baum haben.

Vor dem Aufstellen im Frühjahr müssen Sie den Fallenstern auf Schäden kontrollieren.

In der Regel wird der Fallenstern mit dem Lockstoff für den Buchdrucker (Pheroprax) bestückt. In Ausnahmefällen kann man den Fallenstern auch gegen den Kupferstecher (Chalcoprax) oder gegen den Gestreiften Nutzholzborkenkäfer (Linoprax) bestücken. Mit dem Lockstoff soll eine Überwachung über die gesamte Schwärmzeit ermöglicht werden.

12.5.1 Das Fangergebnis beurteilen

Die Fallen und der umliegende Bestand sollten während der Schwärmzeit regelmäßig und genau kontrolliert werden. Dabei werden bei der Kontrolle der Fallen zuerst die Beifänge wie Vierpunktaaskäfer, Mausgrauer Schnellkäfer, Ameisenbuntkäfer freigelassen. Danach wird die Käferart bestimmt und deren Menge ermittelt (Abb. 185).

Ein Milliliter Buchdrucker entspricht 40 Käfern, ein Milliliter Kupferstecher 400 Käfern. Dieses Ergebnis wird mit Datum, Käferart, Menge in Milliliter oder Anzahl der Käfer notiert. Anhand dieser Beobachtungen kann man eine Zu- oder Abnahme der Käfermenge und die unterschiedliche Färbung der Käfer (hell- bis dunkelbraun) feststellen. Daraus lassen sich dann weitere Schlüsse auf die Entwicklung der Käferpopulation und die Gefahren für den Bestand im weiteren Verlauf des Sommers herleiten.

Abb. 185. Das Fangergebnis wird kontrolliert: schwarzer Altkäfer, hellbrauner Jungkäfer und der nützliche Ameisenbuntkäfer.

12.6 Vorbeugende Maßnahmen

Bevor Sie als letztes Mittel den Borkenkäfer mit Insektiziden in Waldbeständen bekämpfen, gibt es noch andere Möglichkeiten. So können Sie durch waldbauliche Maßnahmen die Gefahr eines Befalls durch Borkenkäfer reduzieren, indem Sie

- auf standortgerechte Baumarten setzen,
- auf angepasste Herkunft achten,
- auf Verbesserung der Bodenverhältnisse Wert legen,
- die Bestände pflegen,
- Mischbestände anlegen,
- Nützlinge fördern und
- die Bestandesränder pflegen.

Durch die saubere Waldwirtschaft wird dem Borkenkäfer das bruttaugliche Material in der Schwärmzeit entzogen und dadurch eine Massenvermehrung verhindert. Dies wird erreicht durch:

- die rechtzeitige Holzabfuhr ins Sägewerk,
- die maschinelle Entrindung,
- die Abfuhr auf ein Nasslager,
- die Abfuhr ins Trockenlager,
- das Hacken von Restholz und
- die schnelle Aufarbeitung nach Sturmwurf, Schneebruch.

Durch eine regelmäßige Kontrolle der gefährdeten Bestände, eine Überwachung mit Lockstofffallen und eine schnelle Aufarbeitung von befallenem Holz kann die Gefahr rechtzeitig erkannt und eine Massenvermehrung verhindert werden.

Es gibt aber Ereignisse, die den Einsatz von Insektiziden erforderlich machen, wenn alle Maßnahmen eine Massenvermehrung nicht verhindern können. Dies ist meist nach großen Schadensereignissen (1990 Wibke, 2000 Lothar, 2007 Kyrill, Trockenjahren 2003) der Fall, nach denen waldbauliche Maßnahmen, saubere Waldwirtschaft und Überwachung nicht mehr ausreichen.

Service

Wichtige Adressen

Unfallkasse Baden-Württemberg, Augsburger Straße 700, 70329 Stuttgart und Waldhornplatz 1, 76131 Karlsruhe,www.uk-bw.de

Sozialversicherung für Landwirtschaft, Forsten und Gartenbau, Geschäftsstelle Stuttgart, Vogelrainstraße 25, 70199 Stuttgart und Standort Karlsruhe, Steinhäuserstraße 14, 76135 Karlsruhe, www.svlfg.de

Kuratorium für Waldarbeit und Forsttechnik e. V. (KWF), Spremberger Straße 1, 64823 Groß-Umstadt, www.kwf-online.org

Forstliches Bildungszentrum Königsbronn, Stürzelweg 22, 89551 Königsbronn, www.fbz-koenigsbronn.de

Forst BW (AöR)
Im Schloss 5
72074 Tübingen
www.forstbw.de

Forstliche Versuchs- und Forschungsanstalt (FVA) Baden-Württemberg, Wonnhaldestraße 4, 79100 Freiburg, www.fva.de

Bayerische Landesanstalt für Wald und Forstwirtschaft (LWF), Hans-Carl-von-Carlowitz-Platz 1, 85354 Freising

Eidgenössische. Forschungsanstalt für Wald, Schnee und Landschaft (WSL), Zürcherstraße 111, CH-8903 Birmensdorf.

Bundesforschungs- und Ausbildungszentrum für Wald, Naturgefahren und Landschaft (BFW), Seckendorff-Gudent-Weg 8, A-1131 Wien

Husqvarna Deutschland GmbH, Hans-Lorenser-Straße 40, 89079 Ulm, www.husqvarna.com

Andreas Stihl AG & Co.KG, Badstraße 115, 71336 Waiblingen, www.stihl.de

Dolmar, Jenfelder Straße 38, 22045 Hamburg, www.dolmar.de

Auswertungs- und Informationsdienst für Ernährung, Landwirtschaft und Forsten (aid) e.V, Friedrich-Ebert-Straße 3, 53177 Bonn, www.aid.de

Aspen Produkte Handels GmbH, Beihinger Straße 160, 71726 Benningen, www.aspengmbh.de

Pfanner Schutzbekleidung GmbH, Herrschaftswiesen 11, A-6845 Koblach, www.pfanner-austria.at

3M Deutschland GmbH, Safety Division Arbeitsschutz, Carl-Schurz-Straße 1, 41453 Neuss, www.soutions.3mdeutschland.de

David Dominicus GmbH, Hützeler Damm 40, 29646 Bispingen, www.dominicus-shop.de

Grube KG, Hützeler Damm 38, 29646 Bispingen, www.grube.de

Syngenta Argo GmbH, Am Technologiepark 1–5, 63477 Maintal, www-syngenta-argo.de

Infomaterialien

Unfallkasse Baden-Württemberg

GUV-VC51 Unfallverhütungsvorschrift Forsten
BGR/GUV-R 2114 Regel Waldarbeit
GUV-I 8556 Sichere Waldarbeit und Baumpflege

Sozialversicherung für Landwirtschaft, Forsten und Gartenbau

Aktuelles zu Sicherheit und Gesundheitsschutz „Waldarbeit“

Forstliches Bildungszentrum Königsbronn

Merkblätter und Unterrichtsunterlagen:
Schneidetechniken und Arbeitstechniken in der Jungbestandespflege, Freischneider – Arbeitstechnik und Arbeitsverfahren, Freischneider – Werkzeuge und Instandsetzung
Infobroschüre Schutzausrüstung Forstliches Bildungszentrum Königsbronn im Auftrag des Landesbetrieb ForstBW

Forstliches Ausbildungszentrum Mattenhof

Merkblätter und Unterrichtsunterlagen:
Schneidetechniken und Arbeitstechniken in der Jungbestandespflege, Freischneider- Arbeitstechnik und Arbeitsverfahren, Freischneider-Werkzeuge und Instandsetzung
Verordnung über Herkunftsgebiete für forstliches Vermehrungsgut (Forstvermehrungsgut-Herkunftsgebietsverordnung – FoVHgV)
Forstvermehrungsgesetz (FOVG)

ForstBW

Infobroschüre Schutzausrüstung Forstliches Bildungszentrum Königsbronn im Auftrag von ForstBW
ForstBW Praxis „Pflanzgut und Pflanzung“
ForstBW Praxis „Anleitung zur Richtlinie Feinerschließung“
ForstBWPraxis „Richtlinie landesweiter Waldentwicklungstypen“

Andreas Stihl AG&Co.KG

Betriebsanleitung und Schulungsunterlagen Motorsägen, Freischneider und Persönliche Schutzausrüstung

Husqvarna Deutschland GmbH
Betriebsanleitung und Schulungsunterlagen Motorsägen, Freischneider und Persönliche Schutzausrüstung

Aspen Produkte Handels GmbH
Schulungsunterlagen Alkylatbenzin

Pfanner Schutzbekleidung GmbH
Schulungsunterlagen Persönliche Schutzausrüstung

3M Deutschland GmbH
Schulungsunterlagen Persönliche Schutzausrüstung

Dolmar
Betriebsanleitung und Schulungsunterlagen Motorsägen

Kuratorium für Waldarbeit und Forsttechnik e. V. (KWF)
Aktuelle Pflanzverfahren (Merkblatt Nr. 10/97)
Die persönliche Schutzausrüstung des Waldarbeiters (Merkblatt Nr. 12/99)

Auswertungs- und Informationsdienst für Ernährung, Landwirtschaft und Forsten (aid) e. V.
Borkenkäfer überwachen und bekämpfen (1015–1993)
Waldpflege (1286–2000)
Forstliches Vermehrungsgut (1164–2000)

www.waldwissen.de
forstliche Fachausdrücke

Syngenta Argo GmbH
Insekten und Pilze im Wald

David Dominicus GmbH
Forstbedarf D (Pflanzung, Jungwuchspflege)
Forstschutz F (Borkenkäfer, Verbissschutz, Ausbringungsgeräte, Baumschutz)

Grube KG
Forstbedarf D (Pflanzung, Jungwuchspflege)
Forstschutz F (Borkenkäfer, Verbissschutz, Ausbringungsgeräte, Baumschutz)

Verlag Eugen Ulmer
„Der Forstwirt", Stuttgart 2011

Bildquellen

Fotos/Montagen: Neub (169) und Grießer (16).
Zeichnungen der Abbildungen 152, 153, 155, 158, 159 und 160 in Anlehnung an die Merkblätter „Schneidetechnik und Arbeitstechniken in der Jungbestandespflege" der forstlichen Bildungszentren Königsbronn und Mattenhof.
Titelfoto: Michael Neub

Sachregister

Die in diesem Buch enthaltenen Empfehlungen und Angaben sind vom Autor mit größter Sorgfalt zusammengestellt und geprüft worden. Eine Garantie für die Richtigkeit der Angaben kann aber nicht gegeben werden. Autor und Verlag übernehmen keinerlei Haftung für Schäden und Unfälle.

Bibliografische Information der Deutschen Nationalbibliothek
Die Deutsche Nationalbibliothek verzeichnet diese Publikation in der Deutschen Nationalbibliografie; detaillierte bibliografische Daten sind im Internet über http://dnb.d-nb.de abrufbar.

Wollgrasweg 41, 70599 Stuttgart (Hohenheim)
E-Mail: info@ulmer.de
Internet: www.ulmer.de
Lektorat: Pia Fehrenbach
Herstellung: Isabell Scherrieble
Umschlagentwurf: Verlag Eugen Ulmer
Satz: r&p digitale medien, Echterdingen
Reproduktion: timeRay Visualisierungen, Jettingen
Druck und Bindung: Pustet, Regensburg
Printed in Germany

ISBN 978-3-8186-1180-4